高原湖泊水生态健康评估
——以抚仙湖为例

李艳华　毛建忠　此里能布　主编

中国水利水电出版社

www.waterpub.com.cn

·北京·

内 容 提 要

本书基于对抚仙湖、星云湖流域进行的全面现场调查和历史资料收集，分析评价两湖现状水质及近十年水质变化趋势；利用遥感技术调查分析抚仙湖、星云湖湖滨带分区土地利用状况；从湖泊水文、物理结构、水质和水生生物等方面进行分区调查，研究评估两湖生态完整性综合状况；从水功能区达标、水资源开发利用、水利防洪、公众满意情况等方面分析评价两湖流域现状社会服务功能；在此基础上，研究构建云南省高原湖泊健康评估指标体系和评估方法，确定各评估指标的调查监测技术要求；通过使用系统的、规范的方法将多个指标的评价结果进行综合，研究其相互协调性，对抚仙湖、星云湖的水生态健康状况进行定量评估，分析诊断主要影响因素，提出保护建议。

本书为全面开展高原湖泊健康评估提供了可借鉴的健康评估体系，可供从事湖泊水文、水质、水生态监测、评价、分析的研究人员和管理人员阅读，也可作为湖泊水生态监测、流域规划和管理的参考书。

图书在版编目（CIP）数据

高原湖泊水生态健康评估：以抚仙湖为例 / 李艳华，毛建忠，此里能布主编. -- 北京：中国水利水电出版社，2017.12
　　ISBN 978-7-5170-6159-5

　　Ⅰ．①高… Ⅱ．①李… ②毛… ③此… Ⅲ．①抚仙湖－水环境质量评价 Ⅳ．①X824

中国版本图书馆CIP数据核字（2017）第323677号

书　名	高原湖泊水生态健康评估——以抚仙湖为例 GAOYUAN HUPO SHUISHENGTAI JIANKANG PINGGU——YI FUXIAN HU WEI LI
作　者	李艳华　毛建忠　此里能布　主编
出版发行	中国水利水电出版社 （北京市海淀区玉渊潭南路1号D座　100038） 网址：www.waterpub.com.cn E-mail：sales@waterpub.com.cn 电话：（010）68367658（营销中心）
经　售	北京科水图书销售中心（零售） 电话：（010）88383994、63202643、68545874 全国各地新华书店和相关出版物销售网点
排　版	中国水利水电出版社微机排版中心
印　刷	北京博图彩色印刷有限公司
规　格	184mm×260mm　16开本　11印张　261千字
版　次	2017年12月第1版　2017年12月第1次印刷
印　数	0001—1000册
定　价	**68.00元**

《高原湖泊水生态健康评估——以抚仙湖为例》
编 委 会

主 编：李艳华　毛建忠　此里能布

编 委：（按汉语拼音排序）

蔡文静　陈建明　冯　梅　合春艳

贺克雕　洪金淑　胡林凯　胡　涛

孔桂芬　李春永　李　枫　李　隽

李茂生　李睿森　刘雪亭　庞家平

施凤宁　师　琼　孙燕利　汪　涛

吴秀萍　肖振国　杨昆琼　杨文春

杨中兰　张金陆　赵琼美

前言 FOREWORD

河湖水系是地表水资源的主要载体,是维系生态系统健康的重要因子,也是哺育人类历史文明的摇篮。湖泊以其独特的自然特性,为人们提供了供水、防洪、养殖、航运、旅游以及气候调节等多种利用功能。随着经济社会的发展,工业化和城市化进程的加快、人类活动的加剧、湖泊资源的超强度利用,导致一些湖泊出现富营养化、水质恶化、淤积或萎缩、重要或敏感水生生物消失等问题,湖泊使用功能退化,湖泊的生态安全、健康生命受到严重威胁。加强湖泊管理与保护,是新时期水利工作的重要任务,也是全社会的共同责任。为了更好地保护湖泊生态环境、合理利用水资源,对湖泊系统的水文、物理结构以及化学、生物和社会服务功能等方面的完整性以及之间的相互协调性进行综合评价,了解湖泊的生态状况,分析导致湖泊健康出现问题的原因,掌握湖泊健康变化的规律,对有效保护和合理利用湖泊水资源,实现湖泊资源的可持续利用和流域乃至全国整体生态安全和经济社会的可持续发展,具有十分重要的战略意义。

云南省高原湖泊生态资源丰富,人口分布较为密集,著名的九大高原湖泊流域面积约占全省面积的2%,但人口约占全省人口总数的11%,每年创造的国内生产总值占全省的1/3以上,在云南省经济社会可持续发展战略中占有举足轻重的地位。近年来,随着湖区经济快速发展,人口持续增长,城市化进程不断加快,加之在经济发展过程中环境保护重视不足,资源利用和开发不合理等诸多因素,已导致部分高原湖泊不同程度地出现了水质污染,流域生态环境遭到破坏,生态系统退化,水体富营养化日趋加剧等一系列的环境问题,这些环境问题已严重影响了高原湖泊健康。

抚仙湖属于深水、断陷、高原湖泊,是中国第二深水湖泊,位于云南省中部,居滇中盆地中心,地处长江流域和珠江流域的分水岭地带,是珠江上游南盘江流域的源头型湖泊,属中国主要大江大河上游水源的保护范围。抚仙湖湖区既是当地著名的风景旅游区,又是重要的战略储备水源。云南省水利厅根据2010年水利部部署的全国河湖健康评估工作任务要求,选择抚仙湖作为云南省的试点湖泊,开展云南省河湖健康评估试点工作。通过试点研究,确定可行的各项指标调查监测方法，建立健全指标评价标准，评价抚仙湖、星云湖生态健康状况，诊断导致湖泊健康问题的关键因子，建立具有区域特色的湖泊健康评估指标体系，为全面开展高原湖泊健康评估奠定研究基础，提供可借鉴的高原湖泊健康评估体系。

本书基于对抚仙湖、星云湖流域进行的全面现场调查和历史资料收集，分析评价两湖湖区现状水质及近十年水质变化趋势；利用遥感技术调查分析了抚仙湖、星云湖湖滨带土地利用状况；从湖泊水文、物理结构、水质和生物等方面分析了湖泊生态完整性综合状况；从水功能区达标、水资源开发利用、水利防洪、公众满意情况等方面分析评价了湖泊现状社会服务功能；在此基础上，参考国内外水生态健康的评估成果，研究构建了云南省高原湖泊健康评估指标体系和评估方法，确定了各项指标的调查监测方法，对抚仙湖、星云湖的水生态健康状况进行了定量评估。

本书编写工作由李艳华、毛建忠、此里能布策划和负责。全书共分10章，其中第1章、第2章由李艳华、杨中兰编写；第3章由李艳华、贺克雕、李春永编写；第4章由杨中兰编写；第5章由李艳华编写；第6章由杨中兰、李艳华编写；第7章由李艳华、毛建忠编写；第8章由李艳华、杨中兰、庞家平、胡林凯等编写；第9章由李艳华、杨中兰、胡林凯等编写；第10章由李艳华、毛建忠、此里能布等编写。全书由李艳华进行统稿，杨中兰、庞家平、蔡文静负责书中图表的制作。同时，参加本书有关科研工作的人员还有肖振国、孔桂芬、吴秀萍、施凤宁、洪金淑、赵琼美、刘雪亭、胡涛、孙燕利、汪涛、李睿淼、张金陆、杨文春、冯梅、李枫、陈建明、合春艳、师琼、李隽、杨昆琼、李茂生等。

本书撰写过程中，得到多方面的关心与支持。在此谨向提供帮助与指导的各位专家、学者表示衷心感谢！

由于作者水平和时间有限，书中难免存在错误和不足之处，希望广大读者和同行批评指正，以利于我们进一步提高。

编者

2017 年 8 月

目录
CONTENTS

第 1 章

概　述

1.1　湖泊健康的基本内涵

湖泊是水资源的重要载体，是自然生态系统的重要组成部分，在调蓄洪水、提供水源、交通航运、美化景观、休闲娱乐、鱼类繁衍、水产养殖以及提供生物栖息地、维护生态多样性、净化水质、调节气候等方面，发挥着不可替代的作用。

湖泊健康是指湖泊自然生态状况良好，同时具有可持续的社会服务功能。自然生态状况包括湖泊的物理、化学和生态三个方面，用完整性来表述其良好状况；可持续的社会服务功能是指湖泊不仅具有良好的自然生态状况，并且具有可持续为人类社会提供服务的能力。

早在20世纪40年代，自然科学家 Aldo Leopold 提出了土地健康（Land health）的定义，认为健康的土地是指被人类占领而没有使其功能受到破坏的状况。Schaeffer 等1988年首次提出生态系统健康是"没有疾病（Absence of disease）"的概念，并提出了进行评价的原则及方法。1981年 Karr 等认为由于人类的过度干扰造成了生态系统的退化，生态系统健康就是生态完整性，这个概念随后在水生态健康评价中得到了广泛使用，即生物完整性指标（Index of Biotic Integrity，IBI）。Karr 于1993年认为生态系统的健康应当具有"生态完整性"，并率先在河流评价中使用"生物完整性指数（IBI）"。Costanza 等从生态系统本身的结构和功能出发提出了生态系统健康概念及标准，其将生态系统健康总结为6个方面：① 自我平衡（homeostasis）；② 无疾病（absence of disease）；③ 多样性或复杂性（diversity or complexity）；④ 稳定性或恢复性（stability or resilience）；⑤ 活力或成长性（vigor or scope for growth）；⑥ 系统组成成分之间维持平衡。即健康的湖泊生态系统表现为物质循环、能量和信息流动未受到损害，关键生态组分和有机组织完整且没有疾病，受突发的自然或人为扰动后能恢复或保持原有的功能和结构，整体功能表现出多样性、复杂性和活力。Costanza 在此基础上，提出综合性健康指标体系 HI，$HI=VOR$，其中 V 是系统的活力指标，O 是系统的组织指标，R 是抵抗力指标。该定义为生态系统的健康评价提供有力的指导，这为生态系统健康的评价提供了一种方法，并被大多数学者所接受。后期学者一致认为健康的生态系统不仅是生态学概念，而应是一个综合性的概念，即生态系统健康应该包含两方面内涵：满足人类社会合理要求的能力和生态系统本身自我维持与更新的能力。前者是后者的目标，而后者是前者的基础。

基于 Costanza 对生态系统健康的归纳结论，并考虑湖泊的生态服务功能和社会服务功能，健康的湖泊生态系统应该有这样的特征：系统无疾病征兆，拥有良好状态；在没有外界投入情况下，系统自身能够长期维持稳定，且保持自身平衡状态；系统对外界干扰（自然或人为干扰）具有良好抵抗力及恢复力；系统组成成分复杂多样，系统具有活力；能够提供良好的生态及社会服务功能。

1.2　云南省高原湖泊概况

1.2.1　自然概况

云南是全国断陷湖盆集中分布的地区，这些湖泊大多为晚新生代断裂陷落形成，形态大小不一。主要分布在滇西北和滇东一二级支流源头的分水岭地带。云南省湖泊众多，湖泊资源丰富，全省湖泊面积大于 $1km^2$ 的有 30 余个，水面面积总和约 $1100km^2$，集水面积总和约 $10000km^2$，湖泊总储水量约 300 亿 m^3。全省湖泊面积 $30km^2$ 以上的有 9 个：滇池、阳宗海、抚仙湖、星云湖、杞麓湖、洱海、泸沽湖、程海、异龙湖，称九大高原湖泊（简称"九湖"）。

九湖是云南水资源的重要载体。九湖流域面积约 $8000km^2$，湖容量近 300 亿 m^3。九湖流域面积约占全省面积的 2%，人口约占全省人口数的 11%，是全省居民最密集、人为活动最频繁、经济最发达的地区，每年创造的国内生产总值占全省的 1/3 以上。九湖流域还是云南粮食的主产区，汇集全省 70% 以上的大中型企业，云南的经济中心、重要城市也大多位于九湖流域内，对云南省的经济和社会发展具有极其重要的支撑作用，是云南省城市经济、农业经济、旅游经济和特色经济的基础资源和重要环境。

九湖主要分布于两个区域，滇西北地区东经 $100°05'\sim100°51'$，北纬 $25°35'\sim27°45'$ 的范围，分布有洱海、程海和泸沽湖；滇中地区东经 $102°28'\sim103°02'$，北纬 $23°38'\sim25°02'$ 的范围，分布有滇池、阳宗海、抚仙湖、星云湖、杞麓湖和异龙湖。九湖中，滇池、程海和泸沽湖属长江流域，阳宗海、星云湖、抚仙湖、杞麓湖和异龙湖属珠江流域，洱海属澜沧江流域。

九湖海拔为 $1414\sim2690m$，处于高海拔地区，同属低纬度高原季风气候，流域内干湿季节分明，降雨分布极不均匀，有着冬无严寒、夏无酷暑、日照充足、日温差大、年温差小的特点。程海、杞麓湖、异龙湖属封闭型湖泊，滇池、阳宗海、抚仙湖、星云湖、洱海属半吞吐型湖泊，湖面蒸发量大，出湖水量小于入湖水量，水体容量大、流动性差。

1.2.2　湖泊水质现状

据《2010 年云南省水资源公报》，九大高原湖泊年末容水量 284 亿 m^3，与 2009 年基本持平，滇池、星云湖、洱海年末容水量比上年有所增加；泸沽湖与上年相同；程海、阳宗海、抚仙湖、杞麓湖、异龙湖均有不同程度减少。

九大高原湖泊中，泸沽湖水质为Ⅰ类；抚仙湖水质大部分为Ⅰ类、局部为Ⅱ类；洱海为Ⅲ类，局部为Ⅱ类；滇池、星云湖、杞麓湖、阳宗海、程海、异龙湖均为劣Ⅴ类。滇池超标项目主要为 pH、氨氮、总氮、高锰酸盐指数、五日生化需氧量、总磷；星云湖为 pH、总磷、总氮、高锰酸盐指数；杞麓湖为 pH、总磷、总氮、高锰酸盐指数、五日生化需氧量、氨氮；阳宗海为砷；程海为 pH、氟化物；异龙湖为总氮、总磷、高锰酸盐指数、氨氮、五日生化需氧量。

营养状态为贫营养的有泸沽湖；中营养的有抚仙湖、洱海、程海、阳宗海 4 个，占44.5%；轻度富营养的有星云湖 1 个，占 11.1%；中度富营养的有滇池、杞麓湖、异龙湖 3 个，占 33.3%。九大高原湖泊富营养化严重，蓝藻水华频繁暴发，水华面积逐渐扩大，水生高等植物、鱼类等显著减少，生物多样性下降，生态系统退化。

1.2.3　存在问题

随着人口增长和经济的发展，云南省九大高原湖泊均出现了不同程度的水环境问题，归纳起来主要有以下几方面：①水资源普遍短缺，湖泊调蓄能力低，水资源供需矛盾突出；②入湖污染物不断增加，部分湖泊富营养化过程加剧；③生态环境恶化，湖泊生态系统退化；④湖泊淤积萎缩、沼泽化程度严重；⑤水功能降低或丧失，影响可持续利用。

近十几年来，相关部门制定了治理保护高原湖泊的相关法律法规，采取了一系列的治理和保护措施。但从目前高原湖泊开发利用与保护治理的现状来看，仍然存在以下几方面的问题。

(1) 经济社会快速发展需求已超过湖泊的承载力。高原湖泊流域经济快速增长，水环境压力将越来越大。云南省有 94% 的国土面积为山地，坝区经济、湖泊经济是云南省长期形成的经济发展格局。流域内的经济社会发展水平、经济社会活动往往直接对湖泊产生影响。经济发展快，人口密度大，湖泊所承受的污染压力也就越大。高原湖泊由于各流域的经济社会发展水平不同，污染类型与污染程度也不尽相同。滇池的污染以生活污染为主，洱海、抚仙湖、杞麓湖、星云湖、异龙湖、程海的污染以面源污染为重，阳宗海、泸沽湖以旅游污染为主。2008 年 6 月，阳宗海由于磷化工企业存在不同程度的环境违法行为，造成水体砷污染。

(2) 面源污染加剧，水环境压力越来越大。随着九湖流域人口逐年增加，对水资源的需求量也不断加大，导致了对水资源的过度开发。水资源过度和不合理开发，生态用水被挤占并严重短缺是部分湖泊水污染严重和恶化趋势难于得到遏制的主要原因之一。经济作物种植面积不断扩大，耕地施肥强度增加，农田氮、磷流失加重等原因使湖泊水质受到不同程度污染。农村面源污染是导致九湖水质污染的重要原因。九湖流域的生活污水和垃圾随意排放和堆放，畜禽养殖废弃物污染，农业、农村面源污染严重。另外，九湖流域湖滨生态破坏问题突出。以矿业为主的开发对滇池、阳宗海、抚仙湖等流域的生态破坏和环境污染日益加重，小而散乱的豆制品加工废水排放污染异龙湖，螺旋藻养殖废水污染程海。湖滨湿地的占用使九湖流域生态系统功能受到严重损害。

(3) 流域陆地生态系统脆弱，水土流失治理任重道远。泸沽湖植被覆盖率与水土流失情况并不成正比，以松次生林为主，特别是湖周植被以云南松中幼林为主，山垮河、王家湾河和三家村河流域范围内，水土流失污染较为严重。程海森林覆盖率约为 38.65%，以云南松林和华山松林为主，森林质量差，水源涵养能力低。星云湖缓冲带内生态系统主要为人工生态系统，生态功能不完善，生境破碎化严重。阳宗海周边森林覆盖率较低，不足昆明市平均森林覆盖率的一半；现有森林植被多为人工纯林，森林生态服务功能较差，逆向演替明显，林地生境向贫瘠型退化；湖泊东西两侧冲沟发育，水土流失严重。

（4）环境监管力度不够。随着人民生活水平的提高，广大人民群众对湖泊水环境的要求越来越高，公众环保意识的提高对九湖流域水污染防治工作提出了更高的要求。但是九湖流域环境监测、预警、应急处置和环境执法能力薄弱，不能满足环境管理工作的要求，有些地区有法不依、执法不严现象较为突出，环境违法处罚力度不够。监管手段薄弱，企业偷排、超标排污、超总量排污的现象不能得到有效遏制。

1.3　湖泊健康评估发展现状

经过 30 多年的发展，生态系统健康评价得到了飞速的发展，国内外学者由研究其概念、指标体系、研究尺度等方面开始，逐渐完善了湖泊、湿地、河流等生态系统评价的方法和理论。Karr 提出用生态完整性指数（IBI）来表征水体生态系统健康程度。目前该指数已发展为用鱼类群的组成、分布、种多度以及敏感种、耐受种、固有种和外来种变化的分析来评价水生态系统。Jorgensen 从生态热力学角度，提出使用能质、结构能质、生态缓冲量来评价生态系统健康。Xu 等在 Jorgensen 研究的基础上提出了以活化能、结构活化能、生态缓冲量为核心指标的多指标体系，并成功应用于巢湖、青海湖、白洋淀的健康评价。Xu 等利用以生态系统食物网中营养物质循环为核心的系统动力学模型，模拟和预测了不同环境管理措施对湖泊生态系统健康的影响，从而为环境决策提供了重要依据。Suo 等改进了 Constanza 等的活力、组织、恢复力指数模型，并用来评价泾河流域的生态系统健康；Mo 等将 BP 人工神经网络法用于洪湖湿地健康的评价中，取得了良好的结果。然而，目前国内外现存的评价理论和方法还有许多不足，对不同类型和环境背景的湖泊尚未形成统一的健康评价标准，也少有人对不同时空尺度的湖泊生态系统进行长序列动态评价。在湖泊生态系统健康研究方面，已提出了许多评价指标，如毛生产力指标（GEP）、生态系统压力指标，生物完整性指数，热力学指标，包含湖泊生态结构、生态功能和生态系统方面的综合生态指标体系，以及包含生物、生态、社会经济和人口健康等方面的综合指标体系等。在评价方法方面，Jorgenson 于 1995 年提出了一套初步评价程序，徐福留等于 2001 年提出了实测计算和生态模型两种评价方法。然而，由于缺乏定量标准，这些方法只能对单一湖泊生态系统健康状态进行相对评价，不能反映湖泊生态系统健康的真实状态，并且难以对不同湖泊生态系统健康状态进行比较。

湖泊生态系统健康评价方法主要可分为两类：生物监测法和多指标体系评价法。

生物监测法是研究湖泊生态系统健康的常见方法，但是该方法存在一些明显的缺点：①仅依靠单一指标对生态系统健康进行评价有一定的片面性；②指示物种的筛选标准不明确，而且指示物种的减少是否会对系统产生重要影响及其在生态系统中的作用均难以确定；③未考虑社会经济与人类健康因素，难以全面反映生态系统的健康状况。

多指标综合评价法是在选择不同组织水平的类群和考虑不同尺度的前提下，对生态系统各个组织水平进行综合评价的方法。相比生物监测法，多指标综合评价法结合了生态学、生理毒理学、物理化学，以及计算机辅助手段，以其综合性、全面性、易量化的特点，成为当前比较常用的方法。

为了更好地保护湖泊生态环境、合理利用水资源，2010 年水利部部署了全国河湖健康评估工作，以通过试点工作建立我国河湖健康评估体系，并将湖泊健康评估定义为对湖泊系统水文完整性、物理结构完整性、化学完整性、生物完整性和社会服务功能完整性以及之间相互协调性的评价，总体目标是要了解湖泊的生态状况，进而了解导致湖泊健康出现问题的原因，掌握湖泊健康变化规律。

1.4 研究思路与技术路线

1.4.1 研究思路

云南省高原湖泊生态资源丰富，人口分布较为密集，在云南省经济社会可持续发展战略中占有举足轻重的地位。近年来，随着湖区经济快速发展，人口持续增长，城市化进程不断加快，加之在经济发展过程中环境保护重视不足，资源利用和开发不合理等诸多因素，已导致部分高原湖泊不同程度地出现了水质污染、流域生态环境遭到破坏、生态系统退化、水体富营养化日趋加剧等一系列的环境问题，这些环境问题已严重影响了湖泊的健康。

抚仙湖属于深水、断陷、高原湖泊，是中国第二深水湖泊。抚仙湖是珠江上游南盘江流域的源头型湖泊，属中国主要大江大河上游水源的保护范围，湖区既是当地著名的风景旅游区，又是重要的战略储备水源。抚仙湖整体健康与否对当地生境乃至其下游地区都有着极为重要的意义。

本书在全面分析云南省九大高原湖泊基本情况的基础上，确定湖泊健康评估指标体系。湖泊健康评估指标体系是由一系列相互联系的指标组成的整体，指标体系具有全面性、系统性，应从湖泊系统水文、物理结构、化学、生物和社会服务功能等方面选择评估指标，以抚仙湖和星云湖为试点，开展监测调查，通过使用比较系统的、规范的方法将多个指标的评价结果进行综合，以评价湖泊系统水文完整性、物理结构完整性、化学完整性、生物完整性和社会服务功能完整性以及之间的相互协调性，评价过程中根据指标的重要性进行加权处理，使评价结果更具有科学性。

通过试点研究，确定可行的各项指标调查监测方法，建立健全指标评价标准，评价抚仙湖、星云湖生态健康状况，诊断导致湖泊健康问题的关键因子，建立具有区域特色的湖泊健康评估指标体系，为全面开展高原湖泊健康评估奠定研究基础，提供可借鉴的高原湖泊健康评估体系，为制定湖泊可持续发展战略、规划和湖泊健康管理提供科学依据和借鉴。

1.4.2 技术路线

高原湖泊健康评估研究以促进人水和谐、维护湖泊健康为核心理念，遵循自然规律，在发挥湖泊社会服务功能和为经济社会发展服务的同时，重视和维系湖泊自然功能和生态功能。研究成果应满足以下技术要求。

（1）评估结果能完整准确地描述和反映某一时段湖泊的健康水平和整体状况，能够提供现状代表性图案，以判断其适宜程度，为湖泊管理提供综合的现状背景资料。

（2）评估结果可以提供横向比较的基准，对于不同区域的类似湖泊，评估结果可用于互相参考比较。

（3）评估指标可以长期监测和评估，能够反映湖泊健康状况随时间的变化趋势；尤其是通过对比，评估管理行为的有效性。

（4）通过湖泊评估，能够识别湖泊所承受的压力和影响，对湖泊内各类生态系统的生物物理状况和人类胁迫进行监测和评估，寻求自然、人为压力与湖泊系统健康变化之间的关系，以探求湖泊健康受损的原因。

（5）能够定期为政府决策、科研及公众要求等提供湖泊健康现状、变化及趋势的统计总结和解释报告，以便识别在湖泊系统框架下合理的湖泊综合开发和管理活动。

湖泊健康评估试点工作研究技术路线见图 1.1。

图 1.1　湖泊健康评估试点工作研究技术路线图

第 2 章

高原湖泊水生态健康评估技术方案

2.1 湖泊健康评估工作程序

2.1.1 选取评价指标，建立评估指标体系

湖泊是淡水生态系统的一种重要组成形式，由于其复杂性和综合性，对其健康内涵的定义、评估等仍然处于发展阶段，相关方法亦需进一步完善。

湖泊在其所属的生态环境和社会环境中扮演着重要角色，其功能包括了维护自然生态系统平衡的功能和支撑人类社会活动的服务功能。因此，湖泊健康评估要全面充分考虑湖泊的这些服务功能。

湖泊系统的水文、物理结构及化学、生物和社会服务功能等要素中的任何一个都无法明确指示湖泊的健康状况，只有对湖泊生态系统在不同时间尺度和空间尺度上做出响应的所有要素的完整性以及之间的相互协调性进行综合分析评价，才能提供湖泊健康的准确情况。

2.1.1.1 评估指标选择原则

评估指标是分析的基础，在整个分析中具有重要作用，湖泊健康评估指标有定性指标也有定量指标，指标的选择应遵循以下原则。

（1）科学认知原则：评估指标应基于现有的科学认知，可以基本判断其变化驱动成因。

（2）数据获得原则：评估数据可以在现有监测统计成果基础上进行收集整理，或可以采用合理（时间和经费）的补充监测手段获取。

（3）评估标准原则：指标评估能以现有成熟或易于接受的方法为基础，制定相对严谨的评估标准。

（4）相对独立原则：评估指标的内涵不存在明显的重复，指标不易过细过多，相互重叠，也不可过少过简，缺乏代表性。

2.1.1.2 评估指标的选取

评估指标的选取有定性选择和定量选择两种方法。

定性选择法也称经验选择法、专家咨询法，是指根据实际经验和专家的判断来选择评价指标的方法。这种方法首先要明确评估的目的和目标，对评估目标进行定性分析，找出影响评估目标的各类因素，分解到具体指标，建立评估指标体系。

定量选择评价指标也称数学选择评价指标，在备选指标集合中，应用数学方法进行分析来确定评价指标。选取部分有代表性指标的定量分析方法较多，主要有极小广义方差法、极大不相关法、主成分分析法、系统聚类法。

用主成分分析法进行指标选择的基本思路是，对 m 个指标做主成分分析可得 p 个主成分，其中最后一个主成分包含原来 p 指标的信息是最少的，因而在该主成分中起主要作用的指标对全部原始信息的贡献是很少的，所以剔除最后一个主成分中较大系数所对应的指标对综合评价不会产生大的影响。对剩下的指标重复做主成分分析，并重复剔除指标这一过程，就可以选出若干有代表性的评价指标，从而达到简化原来的评价指标体系的目的。

设随机向量 $\boldsymbol{X} = (\boldsymbol{X}_1, \boldsymbol{X}_2, \cdots, \boldsymbol{X}_m)'$ 的协方差矩阵为 $\sum$，$\lambda_1 \geqslant \lambda_2 \geqslant \cdots \geqslant \lambda_p > 0$ 为 $\sum$ 的非零特征值，其对应的标准化特征向量 $\boldsymbol{a}_1, \boldsymbol{a}_2, \cdots, \boldsymbol{a}_m$ 分别作为系数向量，则 p 个主成分按方差由大到小为

$$\boldsymbol{F}_1 = \boldsymbol{a}_{11}\boldsymbol{X}_1 + \boldsymbol{a}_{21}\boldsymbol{X}_2 + \cdots + \boldsymbol{a}_{m1}\boldsymbol{X}_m$$
$$\boldsymbol{F}_2 = \boldsymbol{a}_{12}\boldsymbol{X}_1 + \boldsymbol{a}_{22}\boldsymbol{X}_2 + \cdots + \boldsymbol{a}_{m2}\boldsymbol{X}_m$$
$$\vdots$$
$$\boldsymbol{F}_p = \boldsymbol{a}_{1p}\boldsymbol{X}_1 + \boldsymbol{a}_{2p}\boldsymbol{X}_2 + \cdots + \boldsymbol{a}_{mp}\boldsymbol{X}_m$$

利用主成分分析剔除指标主要步骤如下：

（1）指标数据标准化：在实际应用中，往往存在指标的量纲不同，所以在计算之前须先消除量纲的影响，而将原始数据标准化，可利用 SPSS 软件自动执行。

（2）求协方差矩阵的特征根与相应标准特征向量，判断是否存在明显的多重共线性。

（3）得到主成分的表达式并确定主成分个数 p。

（4）利用第 p 个主成分表达式，找到各指标与主成分的相关系数，即因子负荷量，根据各指标对主成分的重要性（即因子负荷量大小），确定主要指标。

2.1.2　建立评估基准和指标标准

湖泊健康评估需要反映生态系统健康状况的各个指标，在生态分区和河流分类基础上先确定基准状况，即设定健康目标值。目标值是确定评估指标标准的参照值，各类指标根据其特征通过经验证有效的方法，判定偏移基准状态目标值的程度，从而建立评估指标标准，对各个指标进行量化赋分。

根据湖泊可收集到的数据资源情况分析，湖泊健康目标值可分为 4 类，即最小干扰状态、历史状态、最低干扰状态和可达到的最佳状态。最小干扰状态可作为无显著人类活动干扰条件下，自然变动、随时间变化小的指标的基准状态；有多种可能的指标，可以根据需要选择某个时间节点的某一历史状态作为基准状态；具有区域差异，随着湖泊退化或生态恢复可能随时间变化的指标，可以区域范围内现有最佳状态即最低干扰状态作为基准状态；主要取决于人类活动对区域的干扰水平的指标，可以通过合理有效的管理调控等可达

到的最佳状况，也即期望状态作为基准状态。

2.1.3 数据采集和筛选

在综合考虑各项指标数据采集分析可操作性的基础上，确定评估指标监测方法。收集相关历史资料，实地查勘划分评估区域，确定监测点位。可采用现场采集测定、遥感影像解译、文献资料查阅、实验室分析等多种方法获得所需的指标数据。对收集的所有资料和现状调查监测数据进行汇总、分析。根据分析结果，如有必要，调整评估指标和监测点位，并进行补充调查监测。根据评估指标调查的可行性，湖泊健康评估指标分为以下3种尺度。

（1）断面尺度指标：从监测点位取样监测获取数据的指标。

（2）区域尺度指标：从评估湖泊区域内的代表站或评估湖泊区域的整体情况调查获取数据的指标。

（3）湖泊尺度指标：从评估湖泊及其流域的调查和统计获取数据的指标。

2.1.4 湖泊健康状况评估

湖泊健康评估采用分级指标评分法，在确定各项指标权重的基础上，根据各项指标的现状调查分析结果进行赋分，逐级加权，综合评分。在此基础上，详细分析各项指标的适用性及关键影响因子，识别引起湖泊健康问题的主要指标，为今后的湖泊健康管理提供理论支持，并提出合理化建议。根据湖泊各项指标与参考状态或预期目标的偏离程度，将湖泊健康状况分为5级，即，接近参考状态或预期目标的为理想状况，与参考状态或预期目标有较小差异的为健康状态，与参考状态或预期目标有中度差异的为亚健康状态，与参考状态或预期目标有较大差异的为不健康状态，与参考状况或预期目标有显著差异的为病态。

2.2 高原湖泊健康评估指标体系

2.2.1 指标体系构建原则

构建湖泊健康评价指标体系是为进行湖泊健康评价以及维持湖泊健康的目标服务，为实现这一目的，要求湖泊健康评价指标体系必须能真实客观、完整准确地反映湖泊的健康状况，能够为政府决策、科学研究及公众要求等提供湖泊健康现状、变化趋势的分析，提供湖泊健康衰退的原因。因此，湖泊健康评价指标的筛选应该遵循以下原则。

（1）科学性原则。从湖泊的功能和属性出发，指标概念必须明确，具有一定的科学内涵，能够客观反映健康湖泊的基本特征。

（2）系统性原则。指标体系要系统而全面，能够从湖泊、湖泊生态系统、流域社会经济等不同角度表征湖泊健康状况，并组成一个完整的体系综合地反映湖泊健康的内涵和状况。

（3）层次性原则。湖泊的功能包括自然功能和社会功能，湖泊健康涵盖了三方面的内容，不仅要反映湖泊健康，还要反映湖泊生态系统健康、流域社会经济价值，因此，其健康评价指标体系是一个涉及自然、社会、经济等的复杂系统，具有一定的层次性，通过分层分类的方法可以从不同角度直观地判断湖泊健康状况。

（4）独立性原则。指标体系不仅要覆盖全面，而且相互之间要求具有一定的独立性，以保证指标体系的完整及简洁。

（5）指标定量性与可操作性原则。所选取的各项指标不能脱离指标相关资料信息条件的实际情况，建立的指标体系不仅要简单明了，而且参数要易于获取，量化方便，便于计算和分析，要具有较强的可比性。

2.2.2　指标体系框架

建立湖泊健康评估指标体系首先应遵循评价指标体系的构建原则，以湖泊为主体，以湖泊的自然属性和社会属性为基础，以湖泊的功能和作用为依托，以维持湖泊健康为最终目标，从湖泊健康的内涵出发来进行。

湖泊健康的概念涵盖了湖泊的生态完整性与人类价值两方面内容。这说明湖泊健康是一个多目标的复合体，任何一方面严重不健康的湖泊都不能称为健康的湖泊。因此湖泊健康评价指标体系也应该从上述两个不同的方面来建立，各自采用不同的指标进行评价，再综合两方面的状况来对湖泊整体的健康状况进行评价，从而形成整体系统而又层次分明的评价指标体系。

由于湖泊具有二元属性，既具备自然属性，又具备社会属性，因此，其不仅具有输水泄洪、生态环境等自然属性的功能，还具有供水、灌溉、文化娱乐等服务功能，即社会功能。湖泊系统是否健康，可通过其各项功能的发挥情况反映出来，各项功能完备的湖泊才是健康的湖泊，如若各项功能得不到发挥或者不能完全发挥出来，则说明湖泊的健康状况衰退。因此，评价湖泊健康所必需的衡量指标可从湖泊的属性和功能出发来确定，湖泊各项功能的表征则可作为湖泊健康的评价指标。

根据湖泊的功能和属性、高原湖泊的特性，以及湖泊健康的内涵，采用层次分析法，构建了高原湖泊健康评价指标体系结构图，见图 2.1。

目标层即为湖泊健康评价的总目标，维持湖泊健康促进人水和谐。湖泊健康评价的目

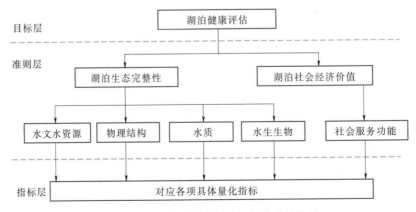

图 2.1　高原湖泊健康评价指标体系结构图

标在于综合评价湖泊的健康状况，评价湖泊在自然条件变化和人类活动扰动下表现出来的症状，判断湖泊的健康水平，最终指导湖泊的开发利用管理以及保护和维持湖泊健康。

准则层包括湖泊生态完整性和社会经济价值两个方面。生态完整性含水文水资源、物理结构、水质、水生生物四个次准则层。社会经济价值含社会服务功能一个次准则层。

湖泊生态系统健康包括本身具有良好的自我维持与更新的能力和具有满足人类社会合理要求的能力。因而，湖泊生态系统健康不仅应该包括湖泊自身结构形态（包括湖岸、湖滨带）的健康、水循环的完整、良好的水环境，还要求水生生物物种的完整性和多样性以及栖息地结构完整性等。服务功能也是生态系统不可缺少的组成之一。人类是湖泊生态系统的一个组成部分，健康的湖泊系统必须能够维持健康的人类群体。

湖泊的功能包括自然功能和社会功能。自然功能是湖泊对其自身的生存以及湖泊生态系统的支持程度。社会功能就是湖泊对人类社会经济系统的支撑程度。显然，同时拥有正常的自然功能和社会功能是健康湖泊的基本标准。因此湖泊不仅仅要满足自身需要，还要产生一定的社会经济价值（即湖泊系统的服务能力），为人类社会的生存发展提供保障，为流域经济的持续发展提供动力。具体体现为人类对水资源的利用，包括调节径流、灌溉供水、休闲娱乐等。

指标层是对应准则层内容的具体评价指标，表述各个分类指标的不同要素，通过定量或者定性指标直接反映湖泊健康状况。

2.2.3　量化指标

2.2.3.1　水文水资源指标

湖泊水文特征是湖泊生态系统重要的环境条件，它影响着生物的繁衍生息和新陈代谢，湖泊水位和水量的改变具有毁灭或者重建湖泊生物群落的能力，决定着湖泊生物生产力的发展，是湖泊理化特征的重要指标之一。从生态系统的演变过程看，在长期的生态演变中，湖泊生态系统已经适应了天然的湖泊水文及水动力学特征，然而人类活动的参与与加剧，改变或破坏了湖泊天然水文状况，湖泊现状水文及水动力学特征与湖泊天然水文及水动力学特征的适宜与背离程度成为湖泊健康评价的重要方面。

湖泊水位变化是湖泊贮水量变化的量度，与出入湖泊的径流量、湖面降水量及蒸发量等要素密切相关，是控制湖泊生态系统的重要力量，水位变化的范围、变化频度、持续时间是湖泊物理化学过程和生物过程的重要影响因子。湖泊生态水位是维护生态系统正常运行的合理水位，湖泊高或低生态水位按照季节变化出现，是湖泊生态系统健康的重要保障。湖泊最低生态水位是生态水位的下限值，是维护湖泊生态系统正常运行的最低水位，若长时间低于此水位运行，湖泊生态系统将发生严重退化。

考虑到云南省湖泊流域水资源开发利用强度相对较大，大部分湖泊出口已建立节制闸进行人工控制，以湖泊最低运行水位作为最低生态水位管理，因此湖泊水位过程变异程度可作为水文水资源评价的主要指标，最低生态水位满足程度作为天然湖泊的主要指标。

2.2.3.2　物理结构指标

湖泊的自然演变，即湖泊产生、发展和消亡的过程，是一个相当复杂和漫长的过程。湖泊向沼泽化发展，入湖河流携带的大量泥沙和生物残骸年复一年在湖内沉积，湖盆逐渐淤浅，变成陆地，或随着沿岸带水生植物的发展，逐渐变成沼泽。人类大规模的经济活动对湖泊的演变都会产生巨大的影响，如围垦湖滨湿地或滩地用于农业、旅游、交通、村镇用地，筑堤、建坝改变了湖滨湿地的水文过程和浅滩环境，大规模用水致使入湖水量显著降低等，都会导致湖泊形态，特别是湖滨带的快速变化，轻则严重影响湖泊生态系统的良性发展，重则加速湖泊的消亡过程。湖泊形态不仅影响其物理特性如湍流、水循环、温度梯度和水体分层，还会导致不同的生产力水平。

湖滨带是湖泊水域与陆域的交错地带，是维护湖泊形态的重要区域，是对水陆生态系统间的物流、能流、信息流和生物流发挥过滤器和屏障作用的缓冲带。湖滨带交替出现的干湿变化造成了湖滨栖息地和植被拼块的多样性和时间变化性，并产生一些依赖这种生境的特有物种。这种景观异质性程度的提高增加了湖滨带内边缘种的丰富度，同时提高了潜在的总物种的共存性，起到保持生物多样性的功能。湖滨带内丰富的多种生活型的植物资源和野生动物资源，不仅使湖滨带具有很高的生物资源开发潜力，而且造就了湖滨带独特而秀丽的自然景观，可提供多用途的娱乐场所和舒适的环境。因此湖滨带状况是湖泊物理结构评价的重要指标。

湖滨带的植被覆盖，可以减缓洪水影响，有利于稳定相邻的两个生态系统。湖滨带植物覆盖的密度与类型、湖岸性质、湖流和泥沙等，是影响湖滨带护岸功能的主要因素。其中植物覆盖的密度与类型对湖岸侵蚀的防护作用影响较大。湖岸基质类别在很大程度上决定了生长的植被情况。不同的植被生长所需基质不同。复杂多层次的岸边植被是湖滨带结构和功能处于良好状态的重要特征，良好的植被可以减轻和缓冲邻近陆地给予湖泊的胁迫压力。另外，湖区是云南省居民最密集、人为活动最频繁、经济最发达的地区。近几年旅游业发展迅速，在湖滨带建立有湖滨浴场、旅游度假区等设施，这些人类干扰都对湖体的水质和水生生物的健康造成一定的威胁。因此，湖岸稳定性（岸坡高度、岸坡基质、倾角、冲刷强度）、湖滨带植被覆盖度、湖滨带人工干扰程度可作为湖滨带状况的具体量化指标。

2.2.3.3 水质指标

对云南省九大高原湖泊水质监测成果数据分析，选择水质评价的重要指标和湖泊水质状况最主要的影响指标，作为湖泊健康状况评估中水质准则层的量化指标。

（1）溶解氧。溶解于水中的氧称为溶解氧，是所有进行需氧呼吸的水生生物的必需品，是水生生物主要生存条件之一。天然水中溶解氧的含量与空气中氧的分压、大气压、水温有着密切关系，水体中的溶解氧随着水温的上升而下降。水体中溶解氧对物理过程和生物过程的变化比较敏感，当水中藻类生长繁茂、光合作用强烈、水流湍急等，都可能使水中溶解氧呈过饱和状态，如滇池、星云湖、杞麓湖在5—10月溶解氧经常出现过饱和状态。如果水体被易氧化的有机物及还原性物质污染，或当降解过程占主导地位时，溶解氧水平将会显著下降。当溶解氧低于4mg/L时，影响鱼类生存，因此测定溶解氧对水体污染程度和自净能力的研究，有着极为重要的作用，是水质评价的重要指标。

（2）氨氮。氨氮是以游离态的氨或铵离子（NH_4^+）等形式存在于天然水中，其主要来源是进入水体的复杂有机氮化合物，经微生物分解后的最终产物，但在有氧存在的条件下，将进一步转变为亚硝酸盐氮和硝酸盐氮。天然水体中，有氨氮存在表示有机物正处在分解过程中，如果含量过多，可作为判断水体在近期遭到污染的标志，是水体达标评价的重要指标。云南九大湖泊中滇池、异龙湖、杞麓湖氨氮含量超过Ⅲ类，特别是滇池草海水域，最大值达到 9mg/L 以上，为劣Ⅴ类，成为影响湖泊水质类别的主要指标之一。

（3）五日生化需氧量。生化需氧量是指在好气条件下，微生物分解有机物质的生物化学氧化过程中所需的溶解氧量。微生物分解水中有机物的过程缓慢，全部分解大约需要 20 天以上，目前国内外一般采用在 20℃条件下，培养 5 天后测定溶解氧消耗量作为标准方法，称为五日生化需氧量。五日生化需氧量通常用来表示水被可生物降解的有机物污染的程度，是环境水质标准和污水排放控制项目。云南九大湖泊中五日生化需氧量超过Ⅲ类水标准的有滇池、异龙湖、星云湖、杞麓湖，是影响湖泊水质类别的主要指标之一。

（4）重金属指标。重金属是典型的无机有毒物质，其中汞、镉、铅、铬以及化学性质与金属相似的砷等因其潜在的巨大危害而备受关注。饮用水中只要含微量重金属，即可对人体产生毒性效应。很多重金属对生物有显著毒性，并且能被生物吸收后通过食物链浓缩千万倍，最终进入人体造成慢性中毒或严重疾病。水体中某些重金属可在微生物或外界环境的作用下变成毒性更强的化合物，对人和生物造成极严重的威胁。例如日本的水俣病就是由于甲基汞破坏了人的神经系统而引起的，骨痛病则是镉中毒造成骨骼中钙减少的后果，这些病最终都会导致人的死亡。一般重金属产生毒性效应的浓度范围大致是 1～10mg/L；毒性较强的如汞、镉等产生毒性的浓度为 0.01～0.1mg/L。云南九大湖泊中滇池草海、洱海偶有汞检出，最大浓度 0.00009mg/L；滇池草海、外海均有镉和铅检出，镉最大浓度 0.0011mg/L，铅最大浓度 0.0062mg/L；除抚仙湖、异龙湖外，其他湖泊均有砷检出，其中阳宗海 2008 年砷污染后虽经治理，砷含量仍经常达到 0.05mg/L 以上，最大时有 0.085mg/L，其他湖泊均在 0.01mg/L 以下。

（5）富营养化指标。湖泊富营养化是指湖泊水体接纳过量的氮、磷等营养性物质，使藻类以及其他水生生物异常繁殖，水体透明度和溶解氧变化，造成湖泊水质恶化，加速湖泊老化，从而使湖泊生态系统和水功能受到阻碍和破坏。严重的甚至发生"水华"，给水资源利用带来巨大损失。湖泊富营养化是一种在湖泊自然演变中的自然过程。在湖泊学的意义上，湖泊有其发生、发展及消亡的过程，这就是地理学范畴内所谓的湖泊富营养化。一般的趋势是从水深、营养物质少的贫营养湖向水浅、营养物多的富营养湖演变。在自然状态下，这种进程非常缓慢，但人类活动的影响大大加速了湖泊富营养化的过程。

湖泊富营养化评价指标是指直接或间接影响水体富营养化的指标。在国际湖泊富营养化基准及控制标准制定过程中，通常将总磷、总氮、叶绿素 a 和透明度这四个变量作为基本指标。中国环境监测中心于 2001 年提出的湖泊富营养状态综合营养状态指数法评价法中又增加了高锰酸盐指数评价指标。水利部水利水电规划设计总院在全国水资源调查评价中也采用了与中国环境监测总站相同的评价指标，并制定了各指标的贫营养、中营养、轻度富营养、中度富营养、重度富营养限值。本书根据我国湖泊水质的实际污染状况以及营养物的来源，以现有成熟的湖泊水体富营养评价方法为基础，选取总磷、总氮、高锰酸盐指数、叶绿素 a 和透明度五个指标。

（1）总磷（TP）。磷是所有生物体所必需的元素，因为生物各种基本的功能过程都要用到它。水体中 80％以上的磷都以有机磷的形式存在。无机磷中磷酸根是唯一重要的形态，有机和无机的各种形态磷的总和称为总磷。天然水体中磷的含量如果超过 0.5mg/L，常与生活污水及工业废水的污染有关。水中的磷含量超过临界值后，就会刺激水生植物特别是藻类的生长导致"水华"的发生，造成水体富营养化。

（2）总氮（TN）。氮是藻类生长所需的另一种重要基本营养元素。水体中的氮磷比是藻类大量生长的决定因素，氮磷比在富营养湖泊里低，在中营养和贫营养湖泊里高。天然水体中的氮主要以溶解态氮、铵离子、亚硝酸盐氮、硝酸盐氮及有机氮等形式存在。我们常规分析的总氮是指在碱性介质条件下水中能被过硫酸钾氧化的无机氮和有机氮化合物，包括可溶性及悬浮性颗粒中的氮，即水中所有氨氮、亚硝酸盐氮、硝酸盐氮和总有机氮的总合。

（3）高锰酸盐指数（COD$_{Mn}$）。高锰酸盐指数是指在规定条件下用高锰酸钾作氧化剂对水样做还原处理时，水中溶解性或悬浮性物质消耗的氧化剂的量。高锰酸盐指数是控制有机污染物和防止水体变黑臭的综合性指标，是环境水质及污水排放的控制项目之一。与五日生化需氧量相似，云南九大湖泊中高锰酸盐指数超过Ⅲ类水标准的仍然是滇池、异龙湖、星云湖、杞麓湖。

（4）叶绿素 a。叶绿素 a 是光合作用最主要的绿色色素，能够直接反映水体藻类生物量，是富营养化的一个重要指标，对富营养化的发展及趋向起着关键作用。

（5）透明度（SD）。透明度是指水体的澄清程度。水中存在悬浮物和胶体时，会降低水体透明度，悬浮物或藻类增加，透明度降低。一般用塞氏盘法测量水体透明度，称为塞氏深度。透明度是湖泊富营养化评价的一项重要综合性指标，可直观反映湖泊营养状态。一般来说，贫营养的湖泊，营养物的输入和初级生产力都较低，水的透明度高，生物区系多样化；富营养的湖泊营养物的输入和初级生产力较高，透明度低，生物种类较少而生物量大。

2.2.3.4 水生生物指标

（1）底栖动物。底栖动物是水生生态系统中的重要组成部分，其种类、数量与群落结构和它所处水域环境有密切的关系。底栖动物的特点是在底质环境中，对环境变化较为敏感，活动能力弱，寿命较长，因此，其群落结构和多样性特征可作为环境变化的指示，它们也自然成为一类常用的水体指示生物。

（2）浮游植物。浮游植物是指在水中营浮游生活的藻类植物，通常浮游植物就是浮游藻类，包括蓝藻门、绿藻门、硅藻门、隐藻门、甲藻门、金藻门、裸藻门、黄藻门等。浮游植物是水生生态系统的重要组成成分，且处于水生态系统食物链的最底层，其群落结构、数量、优势种和污染指示种的变化均与水体的理化性质有着密切的关系，可敏感地反映周围环境的改变，亦作为湖泊群落演替的重要依据，从而可以间接反映水体的水质状况，故可作为水体水质的指示生物。

（3）鱼类。鱼类是长期效应和广域生境环境的优秀指示生物，鱼类对水质和栖息地的恶化具有不同程度的敏感度，且受不同营养水体的影响，鱼类是水生食物网的顶端，整合了较低营养级的效应。因此鱼类类群的结构能够反映整体的环境健康状况。鱼类还具有巨大的社会和经济价值，因此通常将其纳入河流湖泊健康评估指标体系。

（4）附生硅藻。附生硅藻指标是非常有用的生态指标，因为大多数水体里都有丰富的附生硅藻。它们对水体条件变化反应很快，相对容易取样，并且对环境条件的耐受力很强。欧洲制定了反映水质恶化各干扰梯度条件下种群组成变化的硅藻生物指数（IBD）和特殊污染敏感度指数（IPS），两个指标都考虑在水质下降情况下不同类群的耐受力。

2.2.3.5　社会服务功能指标

（1）水功能区达标率。根据流域或区域的水资源自然属性，如水资源条件、环境状况及地理位置，以及社会属性，如水资源开发利用情况和社会经济发展对水质和水量的需要等，将一定范围的水域定为具有某种特定价值与功能的区域，称为水功能区。不同类型的水功能区用来指导、约束水资源开发利用和保护活动，保证水资源的开发利用发挥最佳社会、经济和环境效益。因此水功能区划分是水资源管理的重要依据。2000年水利部在全国范围内开展水功能区划工作，并按不同用途对水质的要求进行管理，对水功能区达标率进行评价。2010年最严格水资源管理制度实施后，又将水功能区达标率定为纳污控制红线考核的主要指标，按行政区域分解到各省、市、县。

（2）水资源开发利用率。从水资源规划利用角度讲，水资源开发利用率是指供水能力（或保证率）为75％时可供水量与多年平均水资源总量的比值，是表征水资源开发利用程度的一项指标。可持续的水资源开发利用既要保持河湖对人类经济社会的服务功能，又受到维护河湖生态环境功能的约束。水资源开发利用率应控制在合理的范围内，既要满足经济社会发展的需要，维持健全的供水、灌溉等诸多为人类服务的功能，又应在水资源承载能力的范围内。

（3）防洪工程措施完善率。全世界每年在自然灾害中死亡的人数约有3/4死于洪水灾害。水灾威胁人民生命安全，造成巨大财产损失，并对社会经济发展产生深远的不良影响。防治水灾已成为世界各国保证社会安定和经济发展的重要公共安全保障事业。人类为防御洪水灾害采取了各种手段和方法，总体可分为防洪工程措施和非工程措施。

防洪工程措施是指在江河、湖畔或海岸修建抗御洪水袭击的各种工程设施，其主要作用是提高河道泄洪能力和适当控制上游洪水来量。我国根据各流域的洪水规律和洪灾情况，分别制定流域防洪总体规划，确定了各主要江河湖库防洪标准。云南省各主要江河湖库防洪标准还很低，大多在10年一遇至20年一遇，且部分区域治理力度不够，难以达到防洪标准。

（4）公众满意度指标。公众满意度反映公众对湖泊环境服务功能，包括湖泊景观、美学价值等的满意状况，调查内容包括公众对湖泊水量、水质、湖岸状况、鱼类状况的评估，公众对湖泊适宜性的评估，以及公众根据上述方面认识及其对湖泊的预期所给出的湖泊状况总体评估。

2.2.4　指标体系

根据湖泊健康评估指标体系框架，用经验选择法和主成分分析法对量化指标进行筛选后具体构建湖泊健康评价指标体系。云南省湖泊健康评价指标体系见表2.1。

指标分为必选指标和湖泊特殊指标两类，必选指标13项（表2.1）。当湖泊鱼类资料缺少难以得出评估结果时，应对现状进行系统调查，作为今后评估的参照数据；在必选指标的基础上，针对云南高原湖泊的特殊情况，对没有列入必选指标，但又对湖泊健康有较大影响的指标，可根据其性质划分所属准则层，作为湖泊特殊指标参加健康评估。

表 2.1　　　　　　　　　　　云南省湖泊健康评价指标体系表

目标层	准则层	次准则层	指标层	量化的指标	备 注
湖泊健康	湖泊生态完整性	水文水资源	水位过程变异程度	丰水期水量指标、枯水期水量指标、最大月水量指标、最小月水量指标、连续高流量指标、连续低流量指标、连续极小流量指标和水量季节性变化指标	必选
			最低生态水位满足程度	最低生态水位	天然湖泊选择
		物理结构	湖滨带状况	湖岸稳定性（岸坡高度、岸坡基质、倾角、冲刷强度）、湖滨带植被覆盖度、湖滨带人工干扰程度	必选
		水质	溶解氧水质状况	溶解氧	必选
			耗氧有机污染状况	高锰酸盐指数、氨氮、五日生化需氧量	必选
			重金属污染状况	砷、汞、铅	必选
			湖库富营养化状况	总氮、总磷、高锰酸盐指数、叶绿素 a、透明度	必选
		水生生物	底栖动物	种群结构、生物量、Shannon - Wiener 多样性指数、Pielou 均匀度指数	必选
			浮游植物	藻类种群结构、藻细胞丰度	必选
			附生硅藻	硅藻生物指数、特定污染敏感指数	必选
			鱼类	鱼类种群结构、鱼类渔获量、鱼类生物损失指数	有条件的湖泊选择
	湖泊社会经济价值	社会服务功能	水功能区达标指标	水功能区达标率	必选
			水资源开发利用指标	水资源开发利用率	必选
			防洪指标	工程措施完善率	必选
			公众满意度指标	各类公众权重评分值	必选

2.2.5　指标权重确定

2.2.5.1　层次分析法

　　层次分析法（Analytical Hierarchy Process，AHP）的特点是将分析人员的经验判断给予量化，适用于目标结构复杂并且缺乏必要数据支持的情况，是系统工程处理定性与定量相结合问题的简单易行且行之有效的一种系统分析方法。近年来，AHP 分析方法在环境评价、生态系统评估及生态旅游资源评估中有较为广泛的应用。

　　AHP 分析方法由美国运筹学家 T. L. Saaty 于 20 世纪 70 年代最早提出，作为一种决策分析方法，由决策者将复杂问题的决策思维过程模型化或数量化。通过这种方法可以将复杂问题分解为若干层次和若干因素，在各因素之间进行简单比较和计算，就可以得出不同方案重要性程度的权重，从而为决策方案的选择提供依据。特别适用于那些难于完全定量分析的问题，相比其他方法，可以将因人为主观喜好引起的偏差控制在令人满意的范围内。

运用 AHP 分析方法建模一般可按 4 个步骤进行：①建立递阶层次结构模型；②构造出各层次中的所有判断矩阵；③层次单排序及一致性检验；④层次总排序及一致性检验。

将高原湖泊健康评价指标体系结构图（图 2.1）作为递阶层次结构图，建立判断矩阵。建立判断矩阵的目的是为了通过比较矩阵的特征值和特征向量，从而得到同一层次中的不同因素之间关于上一层因素的相对权重（即层次单排序权值）。自上而下地用上一个层次因素的相对权重加权求和，进而得到各层次因素关于系统总体的综合重要度（即层次总排序权值）。在同一层次中将与上一层次相关的各因素进行两两比较，根据相对的重要程度给出判断值。判断矩阵的重要性比较标度的含义见表 2.2。

表 2.2 判断矩阵的重要性比较标度的含义

重要性比较标度 a_{ij}	标 度 的 含 义
1	表示两个因素（i 和 j）相比，重要性相同
3	表示两个因素（i 和 j）相比，i 比 j 略微重要
5	表示两个因素（i 和 j）相比，i 比 j 明显重要
7	表示两个因素（i 和 j）相比，i 比 j 强烈重要
9	表示两个因素（i 和 j）相比，i 比 j 极端重要
2、4、6、8	表示相对重要性介于上述相邻判断之间
倒数	若因素 i 与因素 j 的重要性之比为 a_{ij}，那么因素 j 与因素 i 的重要性之比为 $a_{ji}=\dfrac{1}{a_{ij}}$

由此可得，湖泊健康评价指标体系各层级中因素之间相对上一层的判断矩阵。接下来对判断矩阵的特征向量进行归一化处理，即为同一层次相应因素对于上一层次某因素相对重要性的排序权值。归一化的方法最常用的有方根法与和积法，此处采用方根法。设判断矩阵为 $U=(u_{ij})_{n\times n}$。u_{ij} 表示同一层因素与因素相对上一层因素的相对重要性，其中 n 为矩阵阶数。其具体计算步骤为：①计算判断矩阵每一行因素的乘积 $M_i=\prod\limits_{j=1}^{n}u_{ij}$；②计算 M_i 的 n 次方根 $\overline{W_j}=\sqrt[n]{M_i}$；③对 $\overline{W_j}$ 进行归一化处理 $W_i=\dfrac{\overline{W_j}}{\sum\limits_{j=1}^{n}\overline{W_j}}$。

则 $W=(W_i,\ i=1,\ 2,\ \cdots,\ n)$ 经归一化后即为同一层次相应因素对于上一层次某因素相对重要性的排序权值。由于判断矩阵中的比较标度值完全依赖于人们的分析判断，因此有可能造成片面性的判断结果。所以我们要对排序权值进行一致性检验，以决定是否接受它。

一致性检验计算步骤为：①计算判断矩阵的最大特征值 $\lambda_{\max}=\sum\limits_{i=1}^{n}\dfrac{\sum\limits_{j=1}^{n}u_{ij}W_j}{nW_i}$；②计算判断矩阵的一致性指标 $CI=\dfrac{\lambda_{\max}-n}{n-1}$；③计算判断矩阵的一致性检验系数 $CR=\dfrac{CI}{RI}$。

上式中 RI 为平均随机一致性指标,这个指标值与判断矩阵的阶数相关,对应的 RI 值见表 2.3。当 $n<3$ 时,判断矩阵永远具有完全一致性;当 $CR<0.10$ 时,便认为判断矩阵具有可接受的一致性,当 $CR \geqslant 0.10$ 时,便意味着判断矩阵需要调整和修正,使 $CR<0.10$ 具有可接受的一致性。

表 2.3　　　　　　　　　　　　平均随机一致性指标

n	1	2	3	4	5	6	7	8	9
RI	0	0	0.58	0.90	1.12	1.24	1.32	1.41	1.45

2.2.5.2　判断矩阵及权向量

按上述步骤建立湖泊健康评价指标体系各层级中因素之间相对上一层的判断矩阵及权向量,如表 2.4~表 2.7。

表 2.4　　　　　　　湖泊健康的判断矩阵及单排序权向量

湖 泊 健 康	湖泊生态完整性	湖泊社会经济价值	权向量
湖泊生态完整性	1	2	0.7
湖泊社会经济价值	1/2	1	0.3

表 2.5　　　　　　　湖泊生态完整性的判断矩阵及单排序权向量

生态完整性	水文水资源	物理结构	水质	水生生物	权向量	λ_{max}	CR
水文水资源	1	1	1	1/2	0.20		
物理结构	1	1	1	1/2	0.20	4.00	0.00
水质	1	1	1	1/2	0.20		
水生生物	2	2	2	1	0.40		

表 2.6　　　　　　　湖泊社会服务功能的判断矩阵及单排序权向量

社会服务功能	水功能区达标指标	水资源开发利用率	防洪指标	公众满意度指标	权向量	λ_{max}	CR
水功能区达标指标	1	1	1	1	0.25		
水资源开发利用率	1	1	1	1	0.25	4.00	0.00
防洪指标	1	1	1	1	0.25		
公众满意度指标	1	1	1	1	0.25		

表 2.7　　　　　　　湖滨带状况的判断矩阵及单排序权向量

湖滨带状况	湖岸稳定性	湖滨带植被覆盖度	人工干扰程度	权向量	λ_{max}	CR
湖岸稳定性	1	1/2	1	0.25		
湖滨带植被覆盖度	2	1	2	0.50	3.00	0.00
人工干扰程度	1	1/2	1	0.25		

2.2.5.3 综合权重

根据各级指标单排序权向量与上一级指标权重，得出湖泊健康评估体系指标综合权重，也即各指标对湖泊健康的影响指数，见表 2.8。增加的湖泊特殊指标根据指标的重要性按上述方法重新确定权重。

表 2.8 湖泊健康评估指标综合权重表

目标层	准则层	次准则层	指标层	量化的指标	单排序权重	总排序权重
湖泊健康	湖泊生态完整性（0.7）	水文水资源（0.2）	水位过程变异程度	丰水期水量指标、枯水期水量指标、最大月水量指标、最小月水量指标、连续高流量指标、连续低流量指标、连续极小流量指标和水量季节性变化指标	0.2	0.14
		物理结构（0.2）	湖滨带状况	湖岸稳定性	0.25	0.035
				湖滨带植被覆盖度	0.50	0.07
				湖滨带人工干扰程度	0.25	0.035
		水质（0.2）	溶解氧水质状况	溶解氧	0.2	0.14
			耗氧有机污染状况	高锰酸盐指数、氨氮、五日生化需氧量		
			重金属污染状况	砷、汞、铅		
			湖库富营养化状况	总氮、总磷、高锰酸盐指数、叶绿素 a、透明度		
		水生生物（0.4）	底栖动物	种群结构、生物量、Shannon - Wiener 多样性指数、Pielou 均匀度指数	0.4	0.28
			浮游植物	藻类种群结构、藻细胞密度		
			附生硅藻	硅藻生物指数、特定污染敏感指数		
			鱼类	鱼类种群结构、鱼类渔获量、鱼类生物损失指数		
	湖泊社会经济价值（0.3）	社会服务功能（1）	水功能区达标指标	水功能区达标率	0.25	0.075
			水资源开发利用指标	水资源开发利用率	0.25	0.075
			防洪指标	工程措施完善率	0.25	0.075
			公众满意度指标	各类公众权重评分值	0.25	0.075

2.3 评估指标调查技术方法

2.3.1 评估调查分区

湖泊资源是在地质、地貌、土壤、水文、气象、化学、生物等各种自然因素长期作用下形成的，湖泊健康评估应根据湖泊的水文、水动力学特征、水质、生物分区等特征，以及湖滨带形态、沿岸经济社会发展情况进行评估分区。云南高原地处印度板块和欧亚板块碰撞结合带的东部边缘，区内地质构造体系复杂。受区内断裂构造及其发育的影响，云南高原湖泊多为构造断陷湖，湖泊相对较深，碳酸盐地层的溶蚀对湖盆的形成起辅助作用。

这类湖泊一般呈长条状，且以南北向伸展的湖泊居多。湖泊形成时，伴随地形升降，湖泊四周群山环抱，湖泊与盆地（坝子）相伴而生，湖泊四周地形差异明显，沿岸分布有平坝和山地。湖岸平坝区是人类生产、生活的主要场所，是经济社会发展的繁荣之地。高原湖泊具有一定的封闭-半封闭特点，多数湖泊入湖河流多，出湖河流仅一条，换水周期长。

根据湖区不同区域用水功能划分多个水功能区的湖泊，以各水功能区范围作为评估区域；仅划分为一个水功能区的湖泊，水文、水质及生物分区特征明显的水域应以其特征范围划分调查评估区域；临近人类聚集区域如城镇的湖区，为评估城市对湖泊生态的影响应单独划分评估区域。

2.3.2　湖滨带状况调查方法

2.3.2.1　湖滨带划分

两湖调查监测重点主要以湖滨带为主。湖滨带可划分为近岸水域、水滨区域以及近岸陆域 3 个主要部分。

近岸水域：由水边向下延伸到大型植物生长的下限水深，水深一般不超过 8m。

水滨区域：湖泊洪水位与枯水位间（或最高蓄水位与最低运行水位间）可淹没的区域，一般有潮间区、浅滩地、沼泽地、湿地等。

近岸陆域：洪水位（或最高蓄水位）以上至湖水影响完全消失为止的地带，常有斜坡、岸上缓冲区。

湖滨带在范围上没有非常明确的边界，在生态功能上属于水陆生态系统的过渡带，对水陆物流、能流、信息流和生物流发挥过滤器和屏障作用。湖滨带对减少湖区水土流失、稳定湖岸、控制湖泊水污染与富营养、保障饮用水源安全、保持生物多样性并提供各种生物栖息地具有十分重要的意义。

为了便于实际调查评估工作的操作，本次评估湖滨带引用《云南省抚仙湖保护条例》和《云南省星云湖保护条例》中的相关条款内容，即湖滨带是指最高蓄水位沿地表向外水平延伸 100m 的范围，水域是指最高蓄水位以下的区域。

2.3.2.2　植被覆盖度调查

湖滨带在防治农业面源污染、保持水土、保护和改善湖泊生境方面有着极其重要的作用。湖滨带包含了建立在湖泊沿岸的各类植被带，包括林带、草地或其他土地利用类型，因此湖滨带又可称为滨岸植被缓冲带。湖滨带的植被组成及生长状态是缓冲带净污效果的取决条件之一。

采用遥感技术调查湖滨带内包括乔木、灌木及草本植物的植被覆盖度。

2.3.2.3　湖滨带人工干扰程度调查

对湖滨带及其邻近陆域典型人类活动进行调查评估，并根据其与湖滨带的远近关系区分其影响程度。重点调查 9 类人类活动，包括：湖岸硬性砌护、采砂、沿岸建筑物（房屋）、公路（或铁路）、垃圾填埋场或垃圾堆放、湖滨公园、管道、采矿、农业耕种、畜牧养殖等。调查范围为湖滨带及距湖滨带 200m 以内陆域。

2.3.3　水质指标监测方法

（1）水质站点布设。按评估调查分区进行水质站点布设。可根据湖区环流、入湖河流的流向及汇入特征分别布点，也可采用网格法、断面法布点。每个分区采样点数目的多少直接与湖泊分区面积有关。不同面积分区水域应设采样点的参考数见表 2.9。

表 2.9　　　　　　　　　　　不同面积分区水域应设采样点的参考数

湖泊面积/km²	小于 5	5～20	20～50	50～100
采样点数	2～3	3～6	6～10	10～15

（2）水样采集与保存。为了能够真实反映湖水的质量，除采用精密仪器和准确的分析技术外，要特别注意水样的采集和保存。易发生变化的指标应现场测定。带回实验室分析的样品应按规范要求加入适宜的保护剂，并在保存时限内完成分析。

采样设备及材料：便携多参数测定仪；便携式溶解氧仪；塞氏盘；温度计；高原空盒气压表；水质采样器；样品瓶；样品固定液；封口胶；标签纸；现场记录本等。

（3）监测频次。水质监测频次必须充分考虑评估的精度要求，也要考虑湖泊的水文、物理条件、人力及费用投资。一般调查 2 次/年，丰水期、枯水期各 1 次；水功能区达标评价 6～12 次/年，丰水期、枯水期各 3～6 次。

（4）监测方法。水质指标在确定的监测点位取样分析，监测方法可按《地表水环境质量标准》（GB 3838—2002）规定方法及其他国家标准方法进行监测，推荐水质指标监测方法及编号详见表 2.10。

表 2.10　　　　　　　　　　　水质指标监测方法及编号

序号	监测项目	监测方法	编号
1	水温	温度计法	GB 13195—1991
2	pH 值	玻璃电极法	GB 6920—1986
3	溶解氧	碘量法	GB 7489—1987
4	高锰酸盐指数	酸性高锰酸钾滴定法	GB 11892—1989
5	化学需氧量	重铬酸钾法	GB 11914—1989
6	五日生化需氧量	稀释与接种法	HJ 505—2009
7	氨氮	纳氏试剂比色法	HJ 535—2009
8	总磷	钼酸铵分光光度法	GB 11893—1989
9	砷	原子荧光法	SL 327.1—2005
10	汞	原子荧光法	SL 327.2—2005
11	镉	原子吸收分光光度法	GB 7475—1987
12	六价铬	二苯碳酰二肼分光光度法	GB 7467—1987
13	铅	原子吸收分光光度法	GB 7475—1987
14	叶绿素 a	叶绿素的测定 分光光度法	SL 88—1994
15	透明度	透明度的测定 塞氏盘法、铅字法	SL 87—1994

2.3.4　水生生物监测方法

2.3.4.1　底栖动物

样品采集使用 D 形抄网（半径为 15cm，网眼 500μm）来采集底栖大型无脊椎动物。

每站点拖网 1 次，每次 15min，覆盖总长为 10m 的河床。将现场采样的动物存放在浓度为 70% 的乙醇标识罐中。在实验室中，样品要通过筛（网眼 500μm）进行冲洗。留下来的无脊椎动物要分类保存在 70% 酒精当中。一般根据属确定大型无脊椎动物。摇蚊确定为亚科，而线虫没有确定。寡毛纲被确定为苏氏尾鳃蚓或其他寡毛纲。样品保存、分类、计数等均按《海洋调查规范第 6 部分：海洋生物调查》（GB/T 12763.6—2007）的规定对近岸水域和水滨区的底栖动物种群结构、底栖动物生物量进行调查监测。所计算的广泛使用的指标包括总密度，生物量，Pielou 均匀度指数和 Shannon - Wiener 多样性指数。

2.3.4.2 浮游植物

浮游植物包括所有生活在水中营浮游生活方式的微小藻类植物，通常所说的浮游植物就指浮游藻类，而不包括细菌和其他植物。浮游植物数量通常以密度、丰度表示。浮游植物的调查包括定性样品（群落结构组成）和定量样品（数量、藻细胞密度）。

（1）采样。

1）采样点设置。湖泊应在有代表性的湖区设置断面（垂线、点），断面（垂线、点）可根据湖泊形状设置在湖心区、湖湾中心区、进水口和出水口附近、沿岸浅水区及其他敏感区。对于湖泊异常区域可适当增加断面（垂线、点），或根据项目需要增加断面（垂线、点）。

2）采样层次。应依水深而定，对于水深小于 5m 或者混合均匀的水体，在水面下 0.5m 布设一个采样点；当水深为 5～10m 时，分别在水面下 0.5m 处和透光层底部各布设一个采样点（透光层深度以 3 倍透明度计），进行分层采样或取混合样；当大于 10m 时，分别在水面下 0.5m、1/2 透光层（透光层深度以 3 倍透明度计）处及透光层（透光层深度以 3 倍透明度计）底部各布设 1 个采样点，进行分层采样或取混合样。

3）采样频率。浮游植物监测宜与水质监测保持一致，常规监测频次可按季度、水期进行，最好每月一次，或至少每个季度一次。浮游植物采样宜在一天的 8：00～17：00 之间进行。专项监测等有特殊要求的项目应根据具体要求确定监测频率及采样时间。

4）定性样品采集。定性样品用 25 号浮游植物网（网孔直径为 0.064mm）采集，采集前打开活塞，清洗浮游植物网。采样时将网口上端入水面下 0～0.3m 处作"∞"形的循回拖动，约 3～5min 后将网慢慢提起，然后打开浮游植物网下端的旋塞，将网底浓缩的水样放入标本瓶中，取样约 30～50mL。取混合样时下层定性样品可用 20～50L 水过滤得到，将浓缩后的水样与表层浓缩水样混合得到混合水样。样品采集时防止漂浮物进入样品影响镜检，样品采集完成后及时将浮游生物网清洗干净，以免对下一个样品采集造成干扰。样品放入标本瓶后要贴好标签，注明采样日期、地点、样品类别及采样人。

5）定量样品采集。浮游植物定量样品用有机玻璃采样器在所测水层采水 1～2L，若透明度较高，浮游植物生物量较低时，应酌情增加采水量。定量样品应采集平行样品，平行样品数量应为采集样品总数的 10%～20%，每批水样不得少于 1 个。

6）样品固定。样品采集后，每升加入 10～15mL 左右鲁哥氏液固定。当发生藻类水华时，可酌情增加鲁哥氏液量，以确保浮游植物被全部固定。

（2）样品浓缩。从野外采集并固定的水样，倒入实验室沉淀器中静置沉淀 48h 后，用虹吸管（直径为 2mm 左右为宜，插入水面的一端用 25 号筛绢封盖）小心缓慢抽掉上清液，虹吸流速不可过大，吸至澄清液 1/3 时，应进一步降低流速。整个虹吸过程不可扰动下层沉淀浮游植物，一旦被搅动，应重新静止沉淀。虹吸后余下 20～25mL 沉淀物转入30mL 定量瓶中。用上清液少许冲洗容器几次，冲洗液加到 30mL 定量瓶中，最后定容至30mL。当水体浮游植物过多或发生水华时，则可以考虑用原样或者原样稀释后计数。在应急情况下，如对数据提交时间要求紧急，可采用原样计数或固定离心后计数。浓缩、定容后的样品要转移到标本瓶中，贴好标签，注明采样日期、地点、样品类别、浓缩情况（原体积-浓缩体积）及采样人。

（3）样品保存。保存时间较长或需长期保存的样品，按 100mL 水样中加入 2～3mL的甲醛液。样品应保存到数据审查合格或项目验收后，以备核查。对于特殊样品（如发现新种或者陌生水域初次浮游植物调查样品等）应长期保存。

（4）种类鉴定。用滴管吸取适量定性样品（2～3 滴）制成标本片，在显微镜下观察浮游植物的形态结构特征，浮游植物鉴定参照《中国淡水藻志》《中国淡水藻类：系统、分类及生态》（2009 年出版）及《中国内陆水域常见藻类图谱》进行。优势种类应鉴定到种（属），其他种类至少鉴定到属。种类鉴定除用定性样品进行观察外，微型藻类需吸取定量样品进行观察。每个定性样品观察不少于 2～3 个标本片。

（5）计数。将定量样品充分摇匀，用移液器或者移液管吸取 0.1mL 样品，移入计数框内。移入之前将盖玻片斜盖在计数框上，样品准确定量注入，在计数框中一边进样，另一边出气，避免气泡产生。注满后把盖玻片移正。计数标本片制成后，稍候几分钟，让浮游植物沉至框底，然后在 40～600 倍下计数。

计数时根据视野下浮游植物个数确定所用方法，当平均每个视野浮游植物少于 1 个时，可采用全片计数法；当平均每个视野浮游植物为 1～2 个时，可采用行格计数法；当平均每个视野 2～50 个时，推荐采用视野计数法；当平均每个视野浮游植物多于 50 个时，推荐将样品稀释后计数。

1）全片计数法。将浮游植物进行全片计数，然后根据式（2.1）计算得出。

$$N = P_n \times 10 \times V_1 \qquad (2.1)$$

式中　N——1L 水样中浮游生物的数量，个/L；

V_1——1L 水样经浓缩后的体积，mL；

P_n——计数的浮游植物个数。

2）行格计数法。选取两相邻刻度从计数框的左边一直计数到计数框的右边称为一个行格。一般计数三条，即 2、5、8 条。与下沿刻度相交的个体，应计数在内，与上沿刻度相交的个体，不计数在内，与上、下沿刻度都相交的个体，以生物体的中心位置作为判断的标准，也可在低倍镜下，按上述原则单独计数，最后加入总数之中。

1L 水样中的浮游植物个数（密度）可用式（2.2）计算：

$$N = \frac{N_0}{N_1} \frac{V_1}{V_0} P_n \qquad (2.2)$$

式中　N——1L 水样中浮游植物的数量，个/L；

N_0——计数框总格数；

N_1——计数过的方格数；

V_1——1L 水样经浓缩后的体积，mL；

V_0——计数框容积，mL；

P_n——计数的浮游植物个数。

3）视野计数法。首先应用测微尺测量所用显微镜在计数倍数下的视野直径，计算出面积。计数的视野应均匀分布在计数框内，每片计数视野数可按浮游植物的多少而酌情增减，一般不得低于 50 个视野，依浮游植物多少确定计算视野数。浮游植物个数与计算视野数对照见表 2.11。

表 2.11　　　　　　　　　　　浮游植物个数与计算视野数对照表

浮游植物平均数/（个/视野）	视野数/个	浮游植物平均数/（个/视野）	视野数/个
2～5	300	10～50	50
5～10	150		

1L 水样中浮游植物的个数（密度）可用式（2.3）计算：

$$N = \frac{C_s}{F_s} \frac{P_n}{F_n} \frac{V}{V_0}$$
(2.3)

式中　N——1L 水样中浮游植物的数量，个/L；

C_s——计算框面积，mm^2；

F_s——视野面积，mm^2；

F_n——每片计数过的视野数；

V——1L 水样经浓缩后的体积，mL；

V_0——计数框容积，mL；

P_n——计数的浮游植物个数。

（6）主要用具和试剂。采水器、25 号浮游植物采集网（网孔直径为 0.064mm）、沉淀器、聚乙烯标本瓶（5000mL、1000mL、100mL）、虹吸管、吸耳球、光学显微镜（放大倍率 10～1000 倍）、生物计数框。

（7）注意事项。

1）采用上述某种计数方法后，不要随意改变，以保证结果的可比性。

2）如遇到一个浮游植物个体或细胞的一部分在行格或视野内，另一部分在行格或视野外，则可规定：在行格上线或视野上半圈的个体或细胞不加计数，而在下线或下半圈的则计数。

3）计数的单位可以用个体或用细胞表示。用个体数表示，计数时较省力，但由于浮游植物的个体有的是单细胞的，有的是由数目相差悬殊的细胞组成的群体，因此用个体数表示不及细胞数表示精确。

4）当用细胞数表示时，对群体、丝状体浮游植物可采用如下方法处理：对丝状、群体种类，可先计算个体数，然后求出该种类的个体的平均细胞数进行换算；对形成"水华"的优势种类，如微囊藻，可用加碱、加热、用力摇散或超声波打散为单个细胞或少数细胞的群体后计数。

5）如果要求计算精度高，则对量小而个体大的种类应另外用低倍全片计数，特别是当需要精确计算生物量时，更应当如此。

6）计数前应先对样品作定性观察，以熟悉主要种类及其形态特点。

7）计数时应把注意力集中于主要种类，对数量极少的稀见种类，一时确定不了归属的，可先计数，需要时再鉴定种类。

8）由于量程为 $200\mu L$ 移液器所用枪头较小，可将枪头口剪去一部分以增大口径，便于大型浮游植物吸取。

9）当水样的浓缩体积不是 1L 时，应根据其浓缩或稀释的倍数进行换算。样品带回实验室后按相关规范进行定性和定量鉴定，获得植物种群结构、藻细胞密度等相关数据，根据藻细胞密度进行水华风险评估。

2.3.4.3　鱼类

相对于浮游植物、底栖动物和硅藻，在对鱼类取样时，还是面临诸多挑战的。由于浮游植物、底栖动物和硅藻的体积小且活动范围有限，所以在实际中可能很容易地取样，通过相对较小的取样工作量就可以获得。鱼类在采样中很容易被识别，但是通常需要大量的采样工作来提供丰度和群落组成。鱼类调查方法主要包括鱼类标本采集鉴定、渔获物组成统计、渔业状况调查等。

（1）鱼类标本采集方法。在进行鱼类现场调查之前，一定向有关主管部门办理好采捕手续，如在禁渔期、禁渔区进行采集鱼类标本的证明和准捕证等。应尽可能采集和收集湖泊水域中所有的鱼类标本。结合渔业捕捞采集鱼类标本，是常见鱼类和经济鱼类标本采集的主要途径。为获得非渔业水域、非经济鱼类或稀有、珍贵鱼类标本，需要进行专门采捕。专门采捕的方法因水域特征和鱼类习性而异，可使用电鱼机、拉网、刺网、抄网、定置渔具等，如从鱼类市场购买标本，则一定要了解其捕捞地位置及水域特征。就鱼类种类组成调查而言，在每个调查水域或不同河段采集的鱼有 5～20 尾即可，稀有种类或珍贵种类不限。采到的标本要系上编号标签，标签可系在鱼的尾柄或下颌上，逐号登记，做好野外调查记录。在进行鱼类现场调查采集渔获物过程中，对有代表性采集方法的过程进行录影、拍照，特别是对不易采集到的种类及时地进行录影、拍照将会是渔获物调查结果分析的有益补充。

（2）鱼类标本的固定和保存。将采集到的标本放入体积适宜的标本瓶（箱），立即用 5% 甲醛水溶液固定、保存。如鱼体积较大，还需往腹腔内均匀注射 10% 甲醛水溶液，而后固定、保存。容易掉鳞的鱼、稀有种类和小规格种类要用纱布包起来再放入固定液中。标本瓶上贴好标签，注明水体名称、采集时间。带回实验室，置于冰箱（4℃）内或阴凉处暂存，2 周内完成鉴定、测量。

（3）鱼类种类的鉴定。鱼类种类鉴定要求在采集的渔获物鲜活状态下现场鉴定，对一时难以鉴定的鱼（主要指小型鱼类）一定要在标本未固定前详细观测记录鱼体各部位的色彩，并拍照和做好形态学测定记录后，再固定带回实验室鉴定。鱼类一般要求鉴定到种，有特殊需求的可以鉴定到亚种。鉴定时要根据对鱼体各部位的测量、观察数据等查检索表进行鉴定。种类鉴定可依据《云南鱼类志》《中国鱼类系统检索》《中国动物志硬骨鱼纲》等参考资料。为避免出现同物异名或同名异物，所用名称要求以《中国鱼类检索》的鱼类名称为基础。《中国鱼类检索》未能收集的种类或对来自境外的引进种参照孟庆闻等编著的《鱼类分类学》进行检索分类。鱼类区系调查结果中，应编制鱼类名录表，列出鱼类的中文名称、拉丁文名称及分布水域。

（4）渔获物组成统计。对渔获物分别作种类、数量和种类组成统计。首先要掌握每网次或一次作业总的捕获量，然后对取出的样品，称其总量（以 kg 为单位），并计算尾数，按表 2.12 格式计算其百分数。

表 2.12   鱼 类 种 类 组 成 统 计

水域名称：　　　　　　　　　　采样地点：　　　　　　　　　　日期：

鱼类名称	尾数	尾数百分比/%	质量/kg	质量百分比/%
合　计				

调查日期：

（5）渔业状况调查。渔业状况调查是指对渔业资源调查的某一渔业水域中，从事捕捞、养殖、增殖保护、经营利用等渔业情况的调查。渔业状况如何，是影响水域自然资源最重要的因素之一。渔业状况是研究水域经济鱼类资源数量变动规律、渔业资源利用是否合理的重要资料。调查的主要内容为：①渔获物种类；②历年鱼产量及其主要经济鱼类的分类产量；③历年从事渔业的人数、渔具、渔法种类和数量及其变动情况；④代表性作业点的渔获物统计。在进行渔获物统计时，应按不同季节（繁殖、肥育、越冬等）、捕捞旺季和生殖季节定期统计，同时按不同的渔具、渔法统计，取样 30 尾左右，或 100 尾以上（根据分析小样本或大样本需要），以能反映当地渔业状况为原则。

（6）历史数据调查。用 20 世纪 80 年代作为鱼类评估历史基点，调查收集湖泊鱼类历史调查数据或文献，对鱼类的年龄生长、食性、繁殖等生物学数据进行统计分析，调查鱼类种类不包括外来物种。调查表格见表 2.13 和表 2.14。

表 2.13   20 世纪 80 年代鱼类区系结构调查表

调查对象	湖泊环境	鱼 类	食 性
	中上层		
	中下层		
	底层		
	水生动物		

表 2.14   20 世纪 80 年代鱼类种群结构及产量调查表

调查对象	数 量 统 计				产 量 统 计	
	目	科	属	种	渔获量/kg	年产量/t

2.3.4.4　附生硅藻

硅藻是水生生态系统中物种最丰富的生物之一，栖息的生境十分广泛。硅藻对于水体中有机污染物、无机营养物、重金属和酸碱度等环境因子的变化能做出迅速反应。附生硅藻是指生长在浸没于水中的各种基质表面的硅藻群落。

（1）采样时期。水温低成了冬季采集的硅藻生物群落的主要限制因子，因此各样品的硅藻结构显得非常一致，从而不能体现水质差异；一般在5—10月所取的样本与水体的理化特征有着极佳的一致性。枯水期是最佳的水质评价时期，每年一次的硅藻样品采集已经足够。但对于某些特别的研究，采样频率需结合实际综合考虑。采样时间在枯水期或丰水期后的15天或引起大量沉淀物移动的严重丰水期后的4周。

（2）采样方法。硅藻采样基质为能抵抗水流、地势开阔处无树荫遮挡的大石，牙刷刷取，每个采集点至少采集5块石头，混合样甲醛固定。样品采集时，应去除附着在基质上的丝状藻类。可以将基质放在水中摇动漂洗，这样不仅可以去除特别的矿物质、有机物，还可以去除死亡的硅藻。在天然坚硬的基质上采集样品，应该优先考虑基质的稳定性。天然基质的优先级顺序为：岩块＞卵石＞砾石。在缺少天然坚硬基质的情况下，可以在桥柱、板柱、码头、堤坝等垂直人工表面上采集硅藻样品。取样的时候可以在一定水深处采取刮的方式进行，这样可以避免水位变化带来的影响。

（3）硅藻玻片标本制作。

1）取样：振荡硅藻样品瓶，使采集的硅藻样品充分混匀后用一次性移液管取2mL的样品放入20mL玻璃试管内。

2）消化：在试管内加入8mL的过氧化氢，水浴加热16h用来去除有机物质，最终得到白色悬浊液。

3）酸化：将消化后的白色悬浊液静置沉淀后移除上清液，再加入10mL 10％的盐酸，此时会产生大量气泡，待气泡消失后静置沉降，移除上清液。

4）清洗：向试管中加入20mL蒸馏水，振荡均匀后静置沉降，移除上清液。如此反复操作3遍，用于清洗消化后的样品，去除剩余的过氧化氢和盐酸。清洗工作可以通过离心分离的方式来提速，离心方式可以是手动的也可以是自动的，建议离心速度不超过1500r/min，以免转速过快损伤硅藻外壳。

5）干燥：将消化后的硅藻样品加入适量蒸馏水稀释（稀释液浓度的调配应保证玻片标本中硅藻壳面不重叠，分布均匀）并摇匀，然后使用一次性吸管吸取稀释后的水样逐滴滴加在清洗干净的圆形盖玻片上，直至水样覆盖整个盖玻片而不溢出，将滴加水样的盖玻片在室温环境下进行干燥处理（高温容易导致硅藻壳面在盖玻片上分布不均），干燥时可将玻片用罩子罩住以免样品被污染。

6）初步检测：将干燥后的盖玻片放在载玻片上，在显微镜40倍物镜下观察，以每个视野中平均出现30～50个硅藻壳面为宜，若单个视野中出现的硅藻壳面过多或过少，则要重新调整消化后样品的稀释度，重复上述步骤重新干燥处理样品。

7）封片：在载玻片上滴一滴硅藻封片胶，将检验合格的盖玻片有硅藻壳面的一面朝下放到封片胶上，将载玻片放到电热板上加热，待胶封片溶化后继续加热直至气泡消失，迅速将载玻片取下，用镊子或玻璃棒轻轻按压盖玻片以除去玻片中残留的气泡，并使得硅藻壳面完全分散在同一个层面上。待玻片冷却后再进行质量检查，合格的玻片标本应尽可能少的含有矿物晶体、泥沙杂质和气泡，硅藻壳面内部应该完全充满封片胶，玻片中的硅藻壳面应该分布均匀不重叠。

（4）硅藻镜检与计数。将制作合格的玻片放在光学显微镜载物台上，盖玻片上滴一滴香柏油，使用100倍物镜进行观察，观察的视野在玻片中应尽可能地分布均匀，可以通过呈"己"字形来移动载物台。每个视野内所有的硅藻壳面及破损面积不超过1/4的都要鉴定和计数，每个样片至少计数400个硅藻壳面，计数结果可以用不同种的相对丰度和比例来表示。硅藻种类鉴定根据 Krammer 和 Lange - Bertalot 鉴定体系（1986—1991 年）、《欧洲硅藻志》等其他相关书籍，鉴定到种。

2.3.5 社会服务功能调查方法

2.3.5.1 水功能区达标率

湖泊健康评估水功能区达标评价按年评价，评价期内监测次数不应少于6次。水功能区监测点位与水质指标一致，项目监测方法详见表2.10。评价标准以《地表水环境质量标准》（GB 3838—2002）为基本标准，同时应根据水功能区功能要求综合考虑相应的专业标准和行业标准。单一功能水功能区以湖泊水质管理目标对应的水质标准为评价标准，多功能水功能区以水质要求最高功能所规定的水质管理目标对应的水质标准为评价标准。评价项目根据水功能区功能要求确定。一般选择高锰酸盐指数、化学需氧量、氨氮、溶解氧、汞、铅、镉、砷、六价铬、挥发酚、氰化物、氟化物、石油类作为水功能区达标评价项目。具有饮用水功能的水功能区评价应包括 GB 3838—2002 中的地表水环境质量标准基本项目和集中式生活饮用水地表水源补充项目。

水功能区水质类别评价执行《地表水资源质量评价技术规程》（SL 395—2007）中"地表水水质评价"相关条款的规定。先进行单次、单站点达标评价，根据水质监测情况，评价其是否满足水功能区水质目标。年度单站点达标评价在此基础上进行，在年度内达标率不小于80%的站点为年度达标站点。湖泊水功能区达标率按水面面积计算，达标站点代表的水域面积占湖区总面积的比例为湖泊水功能区水质达标率。

2.3.5.2 水资源开发利用指标

以水资源开发利用率表示。水资源开发利用率是指评估流域内供水量占流域水资源量的百分比。水资源开发利用率表达流域经济社会活动对水量的影响，反映流域的开发程度，反映了社会经济发展与生态环境保护之间的协调性。水资源总量及开发利用量的调查统计应遵循水资源调查评价的相关技术标准。

水资源开发利用率计算见式（2.4）：

$$WRU = \frac{WU}{WR} \tag{2.4}$$

式中　　WRU——评估流域水资源开发利用率；

　　　　WR——评估流域水资源总量；

　　　　WU——评估流域水资源开发利用量。

2.3.5.3 水利防洪指标

调查评估范围内防洪工程设施及非工程设施的完善程度，防洪工程设施的完好程度，按防洪工程是否满足规划要求计算防洪指标（FLD），计算公式见式（2.5）：

$$FLD = \frac{\sum_{n=1}^{NS}(LKWFn \times LKBn)}{\sum_{n=1}^{NS}(LKWFn)} \qquad (2.5)$$

式中　FLD——防洪指标；

　　　LKBn——防洪工程达标评价，根据防洪工程是否满足规划要求进行赋值：达标，LKBn＝1，不达标，LKBn＝0；

　　　LKWFn——规划防洪标准重现期（如100年）。

2.3.5.4　公众满意度调查

公众满意度调查采用公众参与调查统计的方法进行。对沿岸公众、政府、环保、水利等相关部门发放公众参与调查表，调查对象主要是湖泊沿岸公众、政府、环保、水利等相关部门工作人员，各类人群以不同权重参与统计；公众调查表包括：调查公众基本信息，公众与评估湖泊的关系，公众对湖泊水量、水质、湖岸状况、鱼类状况的评估，公众对湖泊适宜性的评估，以及公众根据认识及其对湖泊的预期所给出的湖泊状况总体评估。湖泊健康评估公众调查表见表2.15。通过对调查结果的统计分析，确定评估公众对湖泊的综合满意度。

表 2.15　　　　　　　　　　湖泊健康评估公众调查表

姓名		性别		年龄	
文化程度		职业		民族	
住址		联系电话			
湖泊对个人生活的重要性		与湖泊的关系	沿湖居民（湖岸以外1km以内范围）		
很重要			非沿湖居民	湖泊管理者	
较重要				湖泊周边从事生产活动	
一般				旅游经常来	
不重要				旅游偶尔来	
湖泊状况评估					
湖泊水量		湖泊水质		湖滨带	
太少		清洁		树草状况	树草太少
					树草数量还可
还可以		一般		人工湿地	环境效果好
					无效果
太多		比较脏		垃圾堆放	无垃圾堆放
不好判断		太脏			有垃圾堆放
鱼类数量		大鱼		本地鱼类	
数量少很多		重量小很多		你所知道的本地鱼的数量和名称	
数量少了一些		重量小了一些		以前有，现在完全没有了	
没有变化		没有变化		以前有，现在部分没有了	
数量多了		重量大了		没有变化	

续表

湖泊适宜性状况						
湖泊景观	优美		与湖泊相关的历史及文化保护程度	历史古迹或文化名胜了解情况	不清楚	
	一般				知道一些	
	丑陋				比较了解	
近水难易程度	容易且安全			历史古迹或文化名胜保护与开发情况	没有保护	
	难或不安全				有保护，但不对外开放	
散步与娱乐休闲活动	适宜				有保护，也对外开放	
	不适宜					

对湖泊的满意程度调查			
总体评估赋分标准		不满意的原因是什么？	希望的湖泊状况是什么样的？
很满意	100		
满意	80		
基本满意	60		
不满意	30		
很不满意	0		
总体评估赋分			

第 3 章

高原湖泊健康评估
标准与方法

3.1 评估基准与标准

湖泊健康从水文水资源、物理结构、水质、水生生物、社会服务功能等 5 方面进行综合评估，各指标根据数据采集的不同情况表征湖泊健康目标值可分为最小干扰状态、历史状态、最低干扰状态和可达到的最佳状态 4 类。

在很长时间里，由于受生产力水平的限制，人类对自然的影响是有限的，自然受到的干扰处在可以恢复的限度内。随着科技的进步和生产力的提高，人类进入工业文明时期，在这一时期，随着全球工业化进程的加快，人类对自然界的影响增强。20 世纪六七十年代由于受人定胜天思潮的影响，部分湖泊进行围湖造田，湖泊面积急剧减少。进入 20 世纪 80 年代以来，经济社会快速发展，湖泊大量放养经济鱼类，水资源过度开发，污水未处理排放，人类活动对自然环境产生了巨大影响，水环境质量恶化，土著鱼类减少，水生生物多样性下降，各湖泊均受到不同程度的影响。由于湖泊具有区域差异性，最小干扰状态和最低干扰状态已难以预判。从历史数据分析，80 年代前后是我国水环境、水生态状况变化的重要拐点，80 年代以前各湖泊历史数据可作为评估的基准值，如水生生物中的鱼类、藻类、浮游动物等指标。

主要取决于人类活动对区域的干扰水平的指标，如湖泊水质、水资源开发利用、湖滨带状况等指标，是可以通过合理有效的管理调控来达到期望状态，其期望值作为评估基准状态。

3.1.1 水文水资源

3.1.1.1 水位变异程度

中澳环境伙伴合作项目（ACEDP）中国河流健康及环境流量项目研究开发了生态流量评估及分析计算方法，该方法同样适用于湖泊水位变异程度的评估分析。根据生态流量评估及分析计算方法，将流量变异程度的 8 个指标引申为水位变异程度指标，分别是丰水期水位指标（HLV）、枯水期水位指标（LLV）、最大月水位指标（HML）、最小月水位指标（LML）、连续高水位指标（PHL）、连续低水位指标（PLL）、连续极小水位指标

（PVL）和水位季节性变化指标（SLS）。

（1）丰水期水位指标（HLV）和枯水期水位指标（LLV）。丰水期水位指标（HLV）和枯水期水位指标（LLV）的评估及赋分是基于参照系列一定保证率的阈值范围。首先应分别计算参照系列丰水期水位（6个月）及枯水期水位（6个月），计算丰水期水位和枯水期水位的 $P=75\%$ 和 $P=25\%$ 相应的频率值；然后计算评估年内丰水期水位及枯水期水位；最后，丰水期水位指标（HLV）和枯水期水位指标（LLV）的赋分方法见图3.1。

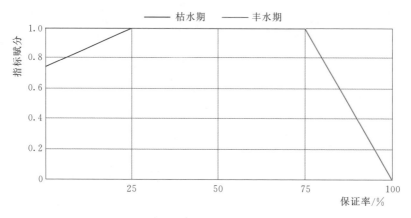

图 3.1　指标赋分方法图

（2）最大月水位指标（HML）和最小月水位指标（LML）。最大月水位指标（HML）和最小月水位指标（LML）与丰水期水位指标（HLV）和枯水期水位指标（LLV）的计算方法类似。首先计算参照系列最大月水位指标（HML）和最小月水位指标（LML）的分布及其频率值；然后计算评估年内最大月水位和最小月水位；最后评估年内的指标按图3.1的赋分方法计算最大月水位指标（HML）和最小月水位指标（LML）。

（3）连续高水位指标（PHL）和连续低水位指标（PLL）。连续高水位指标（PHL）和连续低水位指标（PLL）是用来反映评估年内某一量级的水位是否连续。首先计算参照系列每月水位的分布及其频率值，得出参照系列75%保证率水位 $V_{P=75\%}$ 和25%保证率水位 $V_{P=25\%}$；然后按以下标准定义评估年每月水位 $V_i(i=1,2,3,\cdots,12)$ 的值：

$$V_{P=75\%} \leqslant V_i \leqslant V_{P=25\%}，PL_i=0$$
$$V_i < V_{P=75\%}，PL_i=-1$$
$$V_i > V_{P=25\%}，PL_i=1$$

接着对连续为1或−1的值进行求和，取其绝对值最大值 $SUM(PL=1)$，$SUM(PL=-1)$；最后，连续高水位指标（PHL）$=1-SUM(PL=1)/12$，连续低水位指标（PLL）$=1-SUM(PL=-1)/12$。

（4）连续极小水位指标（PVL）。首先计算每月 $P=99\%$ 的水位作为极小水位指标，然后判断评估年内每月水位是否小于极小水位指标，若小于则赋值为1，否则赋值0。统计评估年内连续为1之和的最大值 SUM，连续极小水位指标（PVL）$=(1-SUM/6)$。

（5）水位季节性变化指标（SLS）。首先计算参照系列每月的平均水位（或水位中位值），对每月平均水位进行排位；然后计算评估年内月水位的当年排位，计算评估年月水位当年排位与相应月份平均水位排位的绝对差值（RANGE），接着计算全年绝对差值的平均值 AVE_{RANGE}，则水位季节性变化指标（SLS）$=(6-AVE_{RANGE})/6$。

（6）水位健康指标（LH）。上述 8 个指标的平均值为水位健康指标（LH），用于判断湖泊水位受人类活动影响的变异情况，指标值越大，湖泊水位变异程度越小，受人类活动影响越小。同时，亦可根据所定义水位健康指标，反推出满足某一水位健康指标条件下所需的逐月适宜生态水位过程。

3.1.1.2　最低生态水位满足状况

湖泊流域水资源开发利用强度较大，不能人工调控的湖泊最低生态水位保证问题突出。湖泊最低生态水位确定方法如下。

（1）湖泊管理条例确定的最低运行水位。以湖泊管理办法或条例确定的最低运行水位作为湖泊最低生态水位。

（2）天然状况下的湖泊最低水位。天然情况下湖泊生态系统已经适应了的最低水位，若低于此水位，湖泊生态系统可能严重退化。天然状况下的湖泊最低水位推算宜采用 20 世纪 80 年代以前的水位数据，水文数据系列最好不低于 20 年，取 90% 保证率下的日均湖泊水位。

（3）湖泊形态法。根据湖泊水位与水面面积或库容曲线中水面面积或库容增加率的最大值相应水位确定湖泊最低生态水位。

（4）水生生物空间最小需求法。用湖泊各类生物对生存空间的需求来确定最低生态水位。采用湖泊水生植物、鱼类等为维持各自群落不严重衰退所需最低生态水位的最大值为湖泊最低生态水位。

湖泊最低生态水位满足赋分标准如表 3.1 所示。其中 3 日、7 日、14 日、30 日、60 日平均水位是对年内 365 日的水位监测数据以 3 日、7 日、14 日、30 日、60 日为周期的滑移平均值。ML 为评价湖泊的最低生态水位。

表 3.1　　　　　　　　　　湖泊最低生态水位满足赋分标准

评价指标	赋分	评价指标	赋分
年内 365 日日均水位均高于 ML	90	14 日平均水位低于 ML	20
日均水位低于 ML，但 3 日平均水位不低于 ML	75	30 日平均水位低于 ML	10
日均水位低于 ML，但 7 日平均水位不低于 ML	50	60 日平均水位低于 ML	0
7 日平均水位低于 ML	30		

3.1.1.3　水文水资源准则层赋分

水文水资源准则层赋分按式（3.1）计算：

$$HDr = LHD \times 100 \qquad (3.1)$$

式中　HDr——水文水资源准则层赋分；

　　　LHD——水位健康指标值。

3.1.2　物理结构

湖滨带状况从湖岸稳定性、湖滨带植被覆盖度、湖滨带人工干扰程度 3 个方面评价。

3.1.2.1 湖岸稳定性

湖岸稳定性根据湖岸侵蚀现状（包括已经发生的或潜在发生的湖岸侵蚀）评估。湖岸易于侵蚀可表现为湖岸缺乏植被覆盖、树根暴露、土壤暴露、湖岸水力冲刷、坍塌裂隙发育等。

湖岸稳定性评估要素包括：岸坡倾角、湖岸高度、基质特征、岸坡植被覆盖度和坡脚冲刷强度。

湖岸稳定性评估指标计算见式（3.2）：

$$LKSr = \frac{SAr + SCr + SHr + SMr + STr}{5} \tag{3.2}$$

式中 $LKSr$——湖岸稳定性指标赋分；

SAr——岸坡倾角分值；

SCr——岸坡植被覆盖度分值；

SHr——岸坡高度分值；

SMr——湖岸基质分值；

STr——坡脚冲刷强度分值。

湖岸稳定性评估分指标赋分标准见表 3.2。

表 3.2   湖岸稳定性评估分指标赋分标准

岸坡特征	稳　定	基本稳定	次不稳定	不稳定
分值	90	75	25	0
斜坡倾角/(°)	＜15	＜30	＜45	＜60
植被覆盖度/%	＞75	＞50	＞25	＞0
斜坡高度/m	＜1	＜2	＜3	＜5
基质（类别）	基岩	岩土河岸	黏土河岸	非黏土河岸
湖岸冲刷状况	无冲刷迹象	轻度冲刷	中度冲刷	重度冲刷
总体特征描述	近期内湖岸不会发生变形破坏，无水土流失现象	湖岸结构有松动发育迹象、水土流失迹象，但近期不会发生变形和破坏	湖岸松动裂痕发育趋势明显，一定条件下可以导致湖岸变形和破坏，中度水土流失	湖岸水土流失严重，随时可能发生大的变形和破坏，或已经发生破坏

3.1.2.2 湖滨带植被覆盖度

植被覆盖度是指植被（包括叶、茎、枝）在单位面积内植被的垂直投影面积所占百分比。复杂多层次的湖滨带植被是湖滨带结构和功能处于良好状态的重要表征。植被具有涵养水源、防风固沙、保护城镇以及农田和村庄的重要功能。植被相对良好的湖滨带对湖泊邻近陆地给予湖泊胁迫压力具有良好的缓冲作用。

根据湖滨带乔木、灌木及草本植物覆盖度，采用参考点比对法或直接评判法进行赋分。直接评判法以植被覆盖度达到75%以上为期望状态，赋分标准见表 3.3。

表 3.3   湖滨带植被覆盖度指标直接评估赋分标准

植被覆盖度 （乔木、灌木、草本）	说　明	赋　分	植被覆盖度 （乔木、灌木、草本）	说　明	赋　分
0	无该类植被	0	40%～75%	重度覆盖	75
0～10%	植被稀疏	25	＞75%	极重度覆盖	100
10%～40%	中度覆盖	50			

3.1.2.3 人工干扰程度

湖滨带及其邻近陆域的人类活动对湖泊物理结构产生最直接的影响，主要包括湖岸硬性砌护、沿岸建筑物（房屋）、公路（或铁路）、垃圾填埋场（堆放）、湖滨公园、管道、渔业网箱养殖、农业耕种、畜牧养殖等。以人类活动不影响湖滨带状况为基准（满分100分），根据9大人类活动所在位置与湖滨带的远近关系区分其影响程度，以扣分方式赋分，不同人类活动影响扣除不同分值，直至零分。人类活动中垃圾填埋或垃圾堆放影响最大，污染物可直接进入湖泊水体；其次为农业耕种、畜牧养殖，是湖泊面源污染的主要来源。人工干扰程度调查区域为最高蓄水位以内水域、湖滨带及湖滨带向外延伸200m以内陆域。湖滨带人类活动赋分标准见表3.4。

表 3.4   湖滨带人类活动赋分标准

序号	人类活动类型	所　在　位　置		
		水域内 （最高蓄水位以内）	湖滨带	湖滨带邻近陆域 （湖滨带向外延伸200m）
1	湖岸硬性砌护			−5
2	沿岸建筑物（房屋）	−15	−10	−5
3	公路（或铁路）	−5	−10	−5
4	垃圾填埋场（堆放）		−60	−40
5	湖滨公园		−5	−2
6	管道	−5	−5	−2
7	农业耕种		−15	−5
8	畜牧养殖		−10	−5
9	渔业网箱养殖	−15		

3.1.2.4 物理结构准则层赋分

物理结构准则层（PF）只有湖滨带状况指标。湖滨带状况指标赋分（LSr）即为物理结构准则层赋分（PFr），采用式（3.3）计算：

$$LSr = LKSr \times LKSw + LVCr \times LVCw + LDr \times LDw \quad (3.3)$$

式中　$LKSr$——湖岸稳定性；

　　　$LKSw$——湖岸稳定性权重；

　　　$LVCr$——湖滨带植被覆盖度；

$LVCw$——湖滨带植被覆盖度权重；

LDr——人工干扰程度；

LDw——人工干扰程度权重。

3.1.3 水质

湖泊水质对于湖泊水生生物有重大影响。水质准则层包括溶解氧水质状况、耗氧有机污染状况、富营养化状况 3 个指标。

3.1.3.1 溶解氧水质状况

按照《地表水环境质量标准》（GB 3838—2002），等于及优于Ⅲ类的水质状况满足鱼类生物的基本水质要求，采用溶解氧的Ⅲ类限值 5mg/L 为基准点，溶解氧水质状况指标赋分标准见表 3.5。

表 3.5　　　　　　　　　溶解氧水质状况指标赋分标准

溶解氧/（mg/L）（＞）	7.5（或饱和率90％）	6	5	3	2	0
溶解氧指标赋分	100	80	60	30	10	0

3.1.3.2 耗氧有机污染状况

高锰酸盐指数、氨氮、五日生化需氧量分别赋分。取 3 个水质项目赋分的平均值作为耗氧有机污染状况赋分，计算见式（3.4）。

$$OCPr = \frac{COD_{MNr} + NH_3N_r}{2} \tag{3.4}$$

式中　$OCPr$——耗氧有机污染赋分值；

COD_{MNr}——高锰酸盐指数赋分值；

NH_3N_r——氨氮赋分值。

根据《地表水环境质量标准》（GB 3838—2002）标准确定高锰酸盐指数、氨氮赋分标准见表 3.6。

表 3.6　　　　　　　　　耗氧有机污染状况指标赋分标准

高锰酸盐指数/（mg/L）	2	4	6	10	15
氨氮（NH$_3$—N）/（mg/L）	0.15	0.5	1	1.5	2
赋分	100	80	60	30	0

3.1.3.3 富营养化状况

按《地表水资源质量评价技术规程》（SL 395—2007）相关规定，湖库型水源地营养状态评价采用指数法，评价项目为总磷、总氮、高锰酸盐指数、叶绿素 a、透明度等 5 项。对照表 3.7，采用线性插值法将水质项目浓度值转换为赋分值，并按式（3.5）计算营养状态指数 EI：

$$EI = \sum_{n=1}^{N} \frac{E_n}{N} \tag{3.5}$$

式中　E_n——评价项目赋分值；

N——评价项目个数。

参照表3.7，根据营养状态指数确定营养状态分级及评估赋分。

表3.7　　　　　　　　　湖泊（水库）营养状态评价标准及分级方法

营养状态指数分级		评价项目赋分值	总磷/(mg/L)	总氮/(mg/L)	高锰酸盐指数/(mg/L)	叶绿素a/(mg/L)	透明度/m	健康评估赋分值
贫营养 $0 \leqslant EI \leqslant 20$		10	0.001	0.02	0.15	0.0005	10.0	100
		20	0.004	0.05	0.40	0.0010	5.0	
中营养 $20 < EI \leqslant 50$		30	0.010	0.10	1.0	0.0020	3.0	60
		40	0.025	0.30	2.0	0.0040	1.5	
		50	0.050	0.50	4.0	0.010	1.0	
富营养	轻度富营养 $50 < EI \leqslant 60$	60	0.100	1.00	8.0	0.026	0.5	30
	中度富营养 $60 < EI \leqslant 80$	70	0.200	2.00	10.0	0.064	0.4	10
		80	0.600	6.00	25.0	0.16	0.3	
	重度富营养 $80 < EI \leqslant 100$	90	0.900	9.00	40.0	0.40	0.2	0
		100	1.300	16.0	60.0	1.0	0.12	

3.1.3.4　水质准则层赋分

水质准则层包括3个指标，以3个评估指标的最小分值作为水质准则层赋分，见式（3.6）：

$$WQr = \min(DOr，OCPr，EIr) \tag{3.6}$$

式中　WQr——水质准则层赋分；

DOr——溶解氧状况指标赋分；

$OCPr$——耗氧有机污染状况指标赋分；

EIr——湖库富营养化状况指标赋分。

3.1.4　水生生物

水生生物包括底栖动物、浮游植物、附生硅藻。

3.1.4.1　底栖动物

底栖动物是指生活史的全部或大部分时间生活于水体底部的水生动物类群，是水生态系统的一个重要组成部分。大型底栖无脊椎动物是肉眼可以观测到的无脊椎大型底栖生物，一般将不能通过0.5mm（40目）孔径筛网的个体称为大型底栖生物或大型底栖无脊椎动物。

底栖动物采用Shannon-Wiener多样性指数及Pielou均匀度指数进行评价，Shannon-Wiener多样性指数公式见式（3.7）：

$$H' = -\sum_{i=1}^{S} P_i \log_2 P_i \tag{3.7}$$

式中　H'——多样性指数；

　　　S——样品中的种类总数；

　　　P_i——第 i 种的个体数与总个体数的比值。

Pielou 均匀度指数计算公式见式（3.8）：

$$J = \frac{H'}{\log_2 S} \tag{3.8}$$

式中　J——均匀度指数；

　　　H'——多样性指数；

　　　S——样品中的种类总数。

底栖动物指标赋分标准见表 3.8。两个指数赋分的最小分值作为底栖动物赋分。

表 3.8　　　　　　　　　　　　　底栖动物指标赋分标准

指 标 值	指 标 赋 分			
	100	60～100	30～60	0～30
多样性指数 H'	>3	2～3	1～2	0～1
均匀度指数 J	>0.5	0.4～0.5	0.3～0.4	0～0.3

3.1.4.2　浮游植物

浮游植物包括所有生活在水中营浮游生活方式的微小植物。浮游植物数量通常以密度、丰度表示。浮游植物数量及群落结构是反映湖泊状况的重要指标，相对于其他水生植物而言，浮游植物生长周期短，对环境变化敏感，其生物量及种群结构变化能很好地反映湖泊现状与变化。

湖泊浮游植物采用藻类密度指标评价。藻类密度指单位体积湖泊水体中的藻类个数。

藻类密度指标评价赋分有参考基点倍数法、直接赋分法两种方法。

（1）参考基点倍数法。以湖泊水质及形态重大变化前的历史参考时段的监测数据为基点（一般采用 20 世纪 50—60 年代或 80 年代监测数据），以评价年浮游水生植物密度除以该历史基点计算其倍数，然后根据表 3.9 进行赋分。

表 3.9　　　　　　　　　　　　浮游植物密度变化状况赋分表

相对于基点的倍数	赋 分	相对于基点的倍数	赋 分
1	100	50	40
3	80	100	20
10	60	150	0

（2）直接赋分法。根据《中国湖泊环境》调查数据，20 世纪 80—90 年代湖泊藻类数量年平均值变动范围为 10 万～10000 万个/L。结合《中国湖泊环境》调查数据和相关文献调查数据，以水华风险评估临界值作为浮游植物直接赋分基点，即以藻细胞密度小于 100 万个/L 不具备水华风险为 100 分，大于 5000 万个/L 发生水华为 0 分，区间指标赋分标准见表 3.10。

表 3.10 藻类水华风险指数赋分标准

藻细胞密度/(个/L)	水华风险评估	赋 分	藻细胞密度/(个/L)	水华风险评估	赋 分
<100 万	不具条件	100	1000 万~5000 万	强预警	30
100 万~1000 万	初级预警	60	>5000 万	发生水华	0

3.1.4.3 鱼类

鱼类评估指标主要是鱼类生物损失指数，评估湖泊内鱼类种数现状与历史参考系鱼类种数的差异状况，反映湖泊生态系统中顶级物种受损失状况。

鱼类生物损失指数标准建立采用历史背景调查方法确定。选用 20 世纪 80 年代作为历史基点。调查评估湖泊鱼类历史调查数据或文献。基于历史调查数据分析统计评估湖泊的鱼类种类数，在此基础上，开展专家咨询调查，确定评估湖泊所在水生态分区的鱼类历史背景状况，建立鱼类指标调查评估预期。

鱼类生物损失指数计算见式（3.9）：

$$FOE = \frac{FO}{FE} \qquad (3.9)$$

式中 FOE——鱼类生物损失指数；

FO——评估湖泊调查获得的鱼类种类数量（不包括外来物种）；

FE——20 世纪 80 年代以前评估湖泊的鱼类种类数量。

鱼类生物损失指数赋分标准见表 3.11。

表 3.11 鱼类生物损失指数赋分标准表

鱼类生物损失指数	FOE	1	0.85	0.75	0.6	0.5	0.25	0
指标赋分	$FOEr$	100	80	60	40	30	10	0

3.1.4.4 附生硅藻

硅藻是一种光自养型藻类，具有种类多、分布广的特点，且对水环境条件变化极其敏感，现已查明有相当多的硅藻种只能生存在狭小的水环境条件（温度、酸碱度、营养盐、金属离子浓度等）下。因此，可以通过研究环境因子对硅藻群落的影响机制，建立硅藻组成与水环境状态之间的对应关系，最终用硅藻组成变化来指示环境因子的改变情况，进而判断水质好坏。2000 年欧盟水框架指导委员会将硅藻推荐为水环境整治决策中确定营养水平的生物指标，法国则以硅藻生物指数为标准方法来监测水体质量。

某一种类的消失或增殖都对应着环境条件某一方面的变化，常用的附生硅藻指数有特定污染敏感指数（IPS）、硅藻生物指数（IBD）。

附生硅藻指数的特定污染敏感指数采用式（3.10）计算：

$$IPS = \frac{\sum_{j=1}^{n} A_j I_j V_j}{\sum_{j=1}^{n} A_j V_j} \qquad (3.10)$$

式中 A_j——j 物种的相对丰富度；

I_j——1~5 的敏感度系数；

V_j——1～3 的指示值。

硅藻生物指数采用式（3.11）计算：

$$IBD = \frac{2A + B - 2C}{A + B - C} \times 100 \tag{3.11}$$

式中　A——不耐污的种类数；

　　　B——对有机污染无特殊反应的种类数；

　　　C——有污染区内特有的种类数。

附生硅藻指数赋分标准见表 3.12。

表 3.12　　　　　　　　　　　　　　　附生硅藻指数赋分标准

附生硅藻指数	指标赋分	附生硅藻指数	指标赋分
IPS、$IBD \geqslant 17$	100	$9 > IPS$、$IBD \geqslant 5$	25～50
$17 > IPS$、$IBD \geqslant 13$	75～100	IPS、$IBD < 5$	0～25
$13 > IPS$、$IBD \geqslant 9$	50～75		

3.1.4.5　生物准则层评估综合赋分

生物准则层包括以上 4 个指标，以最小分值作为生物准则层赋分，见式（3.12）：

$$ALr = \min[\min(H'r, Jr), Dr, FOEr, \min(IPSr, IBDr)] \tag{3.12}$$

式中　ALr——生物准则层赋分；

　　　$H'r$——底栖动物多样性指数赋分；

　　　Jr——底栖动物均匀度指数赋分；

　　　Dr——藻类密度指标评价赋分；

　　$FOEr$——鱼类生物损失指数赋分；

　　$IPSr$——附生硅藻指标特定污染敏感指数赋分；

　　$IBDr$——附生硅藻指标生物指数赋分。

3.1.5　社会服务功能

社会服务功能指标评估在调查监测的数据基础上，从水功能区、水资源开发利用、防洪、公众满意度等方面进行赋分评估。

3.1.5.1　水功能区达标率

水功能区达标率按水面面积或站点数量计算，对湖区各点位进行监测，根据水质监测情况，评价其是否满足水功能区水质目标，达标点位数量比例或代表的水域面积占湖区总面积的比例为湖泊水功能区水质达标率。

水功能区达标评价按《地表水资源质量评价技术规程》（SL 395—2007）中"水功能区评价方法"进行。评价指标为 pH、高锰酸盐指数、氨氮、五日生化需氧量、总磷、总氮、溶解氧、汞、铅、镉、砷、铜、锌、六价铬、挥发酚、总氰化物、氟化物、石油类等18 项。

3.1.5.2　水资源开发利用率

国际上公认的水资源开发利用率合理限度为 30%～40%，即使是充分利用雨洪资源，开发程度也不应高于 60％。水资源开发利用率指标健康评估概念模型中：水资源开发利用率指标赋分模型呈抛物线，在 30％～40％为最高赋分区，过高（超过 60％）和过低（0）开发利用率均赋分为 0。水资源开发利用率指标赋分概念模型见图 3.2。

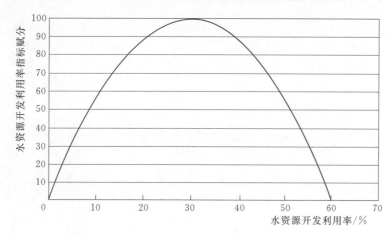

图 3.2　水资源开发利用率指标赋分概念模型图

概念模型公式见式（3.13）：

$$WRUr = a(WRU)^2 + b(WRU) \qquad (3.13)$$

式中　　$WRUr$——水资源利用率指标赋分；

　　　　WRU——评估河段水资源利用率；

　　　　a、b——系数，分别为 $a = -1111.11$，$b = 666.67$。

概念模型仅适用于水资源供水需求量与可供水量之间存在矛盾的湖泊流域。不适用于无水资源开发利用需求的湖泊，或水资源供水需求量远低于可利用量的湖泊。对于这些不适用湖泊，可以根据实际情况对水资源开发利用率指标进行赋分，如果供水量占水资源总量的比例低于 10％，且已经满足流域经济社会的用水需求，则可以赋 100 分。

3.1.5.3　水利防洪指标

湖泊防洪功能主要体现在通过科学合理的防洪调度、蓄泄兼顾，利用湖泊的防洪库容，拦蓄洪水，在上下游兼顾的原则下，既控制湖泊最高水位，保证环湖大堤的安全，减轻上游地区的防洪压力，又削减湖泊下泄的洪峰流量，减轻下游的洪水压力，力求把全流域的洪涝灾害损失降低到最低程度。

湖泊防洪功能评价主要涉及湖泊的防洪标准适应度、防洪工程完好率、库容系数、蓄泄能力、调节洪水能力、防洪效益、洪灾损失率等指标。云南高原湖泊大都仅有 1～2 条出流河道，出流河道的泄洪能力是保证湖泊防洪安全的主要因素。因此，本书湖泊防洪指标评估主要针对出流河道的防洪标准达标情况进行评估，达到规划防洪标准要求，赋分为100 分；达不到，即为 0 分。

3.1.5.4　公众满意度

公众满意度根据湖泊健康评估公众调查表进行评估赋分。收集分析公众调查表，统计有效调查表调查成果，根据公众类型和公众总体评估赋分，计算公众满意度指标赋分见式

（3.14）：

$$PPr = \frac{\sum_{n=1}^{NPS} PERr \times PERw}{\sum_{n=1}^{NPS} PERw}$$ 　　　　（3.14）

式中　PPr——公众满意度指标赋分；

　　　$PERr$——有效调查公众总体评估赋分；

　　$PERw$——公众类型权重。

公众类型赋分统计权重见表 3.13。

表 3.13 　　　　　　　　　公众类型赋分统计权重

调查公众类型		赋分范围	权重
沿湖居民（河岸以外 1km 以内范围）		0～100	3.0
非沿湖居民	湖泊管理者	0～100	2.0
	湖泊周边从事生产活动	0～100	1.5
	旅游经常来湖泊	0～100	1.0
	旅游偶尔来湖泊	0～100	0.5

3.1.5.5　社会服务功能准则层赋分

社会服务功能准则层包括 4 个指标，赋分计算见式（3.15）：

$$SSr = WFZr \times WFZw + WRUr \times WRUw$$
$$+ FLDr \times FLDw + PPr \times PPw$$ 　　　（3.15）

式中　SSr——湖泊社会服务功能准则层赋分；

　　$WFZr$——湖泊水功能区达标率指标赋分；

　$WFZw$——湖泊水功能区达标率指标权重；

　$WRUr$——湖泊水资源开发利用率指标赋分；

$WRUw$——湖泊水资源开发利用率指标权重；

　$FLDr$——湖泊防洪指标赋分；

　$FLDw$——湖泊防洪指标权重；

　　PPr——湖泊公众满意度指标赋分；

　PPw——湖泊公众满意度指标权重。

3.2　湖泊水生态健康综合评估

3.2.1　湖泊生态完整性综合状况评估

对水文水资源、物理结构、水质和生物准则层进行综合评估，得到各评估区域生态完整性综合状况评估赋分，见式（3.16）：

$$AEIn = HDr \times HDw + PFr \times PFw + WQr \times WQw + AFr \times AFw$$ 　　（3.16）

式中　$AEIn$——区域生态完整性综合状况赋分；

HDr——区域水文水资源准则层赋分；

HDw——区域水文水资源准则层权重；

PFr——区域物理结构准则层赋分；

PFw——区域物理结构准则层权重；

WQr——区域水质准则层赋分；

WQw——区域水质准则层权重；

AFr——区域生物准则层赋分；

AFw——区域生物准则层权重。

将各区域生态完整性综合状况评估赋分以区域面积为权重，加权平均得到湖泊生态完整性综合状况评估赋分，见式（3.17）：

$$LEI = \sum_{n=1}^{Nsects} \frac{AEI_n \times AA_n}{LA} \tag{3.17}$$

式中　LEI——湖泊生态完整性综合状况赋分；

AEI_n——评估区域生态完整性综合状况赋分；

AA_n——评估区域面积，km^2；

LA——评估湖泊总面积，km^2。

3.2.2　湖泊水生态健康赋分

按式（3.18）综合湖泊生态完整性综合状况评估赋分和社会服务功能评估赋分得到湖泊水生态健康赋分：

$$LHI = LEI \times LEw + SSI \times SSw \tag{3.18}$$

式中　LHI——湖泊水生态健康赋分；

LEI——湖泊生态完整性综合状况赋分；

LEw——湖泊生态完整性综合状况权重；

SSI——湖泊社会服务准则层赋分；

SSw——湖泊社会服务准则层权重。

3.2.3　湖泊水生态健康评估分级

湖泊水生态健康评估采用分级指标评分法，根据各指标现状与目标值的差异程度综合赋分，逐级加权，综合为湖泊健康指数（Lake Health Index，LHI）。湖泊健康状态分为5级：理想状况、健康、亚健康、不健康、病态。

湖泊健康指数达到80～100分，说明湖泊各项指标均接近目标值，受人类活动影响较小，视为理想状态；湖泊健康指数达到60～80分，说明多项指标接近目标值，部分指标有差异，但差异较小，水体各项功能正常，视为健康状态；湖泊健康指数为40～60分，说明少数指标与目标值有了明显差异，局部水体功能受损，视为亚健康状态；湖泊健康指数为20～40分，说明部分指标与目标值有了明显差异，大部分水体功能受损，视为不健康状态；湖泊健康指数为0～20分，说明大多数指标与目标值有了显著差异，水体功能几乎全部散失，视为病态。湖泊健康评估分级表见表 3.14。

表 3.14　　　　　　　　　　　　湖泊健康评估分级表

等级	类型	颜　　色		赋分范围	说　　　明
1	理想	蓝	●	80～100	接近参考状况或预期目标
2	健康	绿	●	60～80	与参考状况或预期目标有较小差异
3	亚健康	黄	●	40～60	与参考状况或预期目标有中度差异
4	不健康	橙	●	20～40	与参考状况或预期目标有较大差异
5	病态	红	●	0～20	与参考状况或预期目标有显著差异

第 4 章

抚仙湖流域概况

　　抚仙湖为中国第二深淡水湖泊。在新第三纪喜马拉雅运动时期，由于受弧形构造东北翼压扭作用及小江断裂带西侧上升、东部下沉拉张作用，形成地堑式断陷盆地后积水形成湖泊。古抚仙湖面积包括古星云湖在内约 $350km^2$，属全新世早期高湖面阶段，但此时湖水不深，随着地质构造的发展，两侧山体上升、湖底下沉，湖水逐渐加深。据有关资料显示，澄江县城一带，相对下沉的幅度达 $25\sim30m$，平均每年下沉的速率可达 $0.7cm$。从全新世以来，抚仙湖不断加深，成为现今的深水湖泊。

　　星云湖与抚仙湖远古时期处于同一片水域，由于湖泊的不断退化分隔为两片，两湖间由 $3km$ 的隔河相连，水域仍然相通，星云湖的水流向抚仙湖，星云湖为抚仙湖的上游湖，属于抚仙湖的流域范围。2007 年年底，星云湖—抚仙湖出流改道工程完工，抚仙湖部分出水经隔河泻入星云湖，上游两湖部分水量跨流域入玉溪市红塔区的玉溪大河。

4.1 自然地理概况

4.1.1 地理位置

　　抚仙湖位于云南省中部，居滇中盆地中心，地处长江流域和珠江流域的分水岭地带，跨玉溪市的澄江、江川、华宁三县，距省会昆明 $60km$。抚仙湖属珠江流域南盘江西江水系，为半封闭湖泊。流域东邻南盘江，南与杞麓湖流域相隔，西望滇池流域，北接阳宗海流域。地理位置为东经 $102°39'\sim103°00'$，北纬 $24°13'\sim24°46'$，湖泊呈狭长形，长 $65.8km$，宽 $25.6km$，总面积 $1053km^2$（含星云湖 $378km^2$）。

　　星云湖位于云南省玉溪市江川县境内，距县城 $2km$，地理位置为东经 $102°45'$，北纬 $24°17'$，是抚仙湖上游的唯一湖泊，两湖由一条长 $3km$ 的隔河相连。2003 年于星云湖西岸打隧洞新增了出湖水道，星云湖之水于 2007 年 12 月跨越注入玉溪市红塔区玉溪大河。

4.1.2 地形地貌

　　抚仙湖流域为第三纪后期喜马拉雅运动中形成的地堑式断陷盆地积水成湖，流域地形总体为中低山与断陷盆地、湖泊构成，地形起伏相对较缓。湖岸周围分布为石灰岩山地，周围多为海拔 $1500\sim2500m$ 的断块侵蚀山地，山体呈阶梯状，南北向延伸，西部高于东部，北部高于南部，较高的山峰有梁王山、谷堆山和猫鼻子山等，海拔均在 2500～2820m。流域最高处为北部的梁王山山脉，海拔高程为 2820m，最低处为抚仙湖湖底，海拔高程为 1567m。抚仙湖流域按山地类型划分，山区占总面积的 73.4%，水面占 18.5%，坝区占 7.9%，形成"七山、二水、一平坝"的天然格局。

在湖盆北面有约 40km² 由北向南倾斜，形成平均坡降为 64% 的盆地。湖盆东西两侧为断层崖或断块山地，相对高差达 100～200m，湖盆南面为冲积平原，面积约 5km²，平均坡降为 12%。湖盆四周露出的地层按岩性分主要有石灰岩与白云岩，其次是砂页岩和砾岩；在砂页岩和石灰岩山地间，有玄武岩分布。在湖岸东西侧分布的均为石灰岩山地，山体陡峭，尖山、笔架山断层崖耸立湖边。

流域南部主要为江川湖积盆地、总面积达 82km²（不包括星云湖水面），地势平坦，高程为 1720～1740m；星云湖湖面海拔 1722m，为滇中高原陷落性湖泊，湖岸沿岸坡度平缓，四周大部为农田，湖底平坦，属向斜盆地湖。在江川盆地边缘，由上第三系地层冲刷形成的土林、孤峰和沟壑地貌较发育，地面高程为 1750～1770m。

根据地质构造和地形的特征及其形成因素，湖区地貌大致分为构造-剥蚀地貌和堆积地貌。构造-剥蚀地貌按山体岩性不同，分为石灰地、砂页岩、砾岩山体和玄武岩；堆积地貌面积较小，主要有湖积-冲积平原、阶地和冲积扇。

4.1.3 地质情况

抚仙湖流域是在新第三纪喜马拉雅运动时期，由于受弧形构造东北翼压扭作用及小江断裂带西侧上升、东部下沉拉张作用，形成地堑式断陷盆地后积水形成的湖泊。流域的地质构造为：北部以南北向和近南北向断裂为主，南部以北西向断裂为主，东北部以北东向断裂为主，主要断层有小江断裂、普渡河断裂、曲江断裂。

小江断裂带：位于流域东北面，总体走向近 SN，倾向 E 或 W，倾角 65°～85°，断裂带形成时代较早，经历多期构造活动，并形成了澄江盆地。该断裂带地震活动强烈，具有发生 7 级以上强震的全新世活动断裂。

普渡河断裂带：位于流域西北面，北起金沙江以北，向南经玉溪盆地西缘，走向近 SN，倾向 E 或 W，倾角 70°～80°，宽约 6～12km。断裂控制了玉溪盆地西部边界的发育，具有强烈垂直差异活动和张扭性。

曲江断裂：位于流域南面，主要沿曲江河谷展布，总体走向 N60°W，具有逆冲性质的断层，破碎带最宽处达到近 1000m。沿断裂形成峨山、高大、曲溪 3 个断陷盆地。该断裂带地震活动强烈，具有发生 7 级以上强震的全新世活动断裂。

流域内及其外围出露的地层主要有前震旦系、震旦系和上第三系、第四系，其次还有零星分布的寒武、泥盆、石炭、二叠系等，抚仙湖周围分布的岩性主要以石灰岩为主。

4.1.4 土壤植被

抚仙湖流域土壤的水平分布比较单一，径流区共有 5 个土壤类型。各类型中又因成土母质、地形地貌等环境因素而划分为若干亚类。土壤类型有水稻土、山原红壤土、紫色土、红色石灰土和棕壤。抚仙湖流域土壤的地带性分布比较单一，主要以红壤类为主。坝区以湖积-冲积为主的水稻土，高原面风化壳上主要分布为红壤土，以及紫色土和红色石灰土，均为亚热带气候条件下形成的。流域土壤的区域分布特点为：受岩性影响深刻的非地带性土壤，砂岩土壤多呈酸性，地质呈粉砂状，肥力较差，页岩、泥岩多形成黏土，土壤自然肥力较高；受特殊的地质构造影响，湖滨坝区土壤以湖盆下陷沉积-冲积为主的农耕地（水稻田）。

抚仙湖流域属"西部半湿润常绿阔叶林亚区域"中的"滇中、滇东高原半湿润常绿阔叶林、云南松林区"。流域内天然植被的气候顶级类型是半湿润常绿阔叶林，它反映"四季如春、干湿交替"高原季风气候的纬度地带性植被类型。抚仙湖流域植被主要划分为 4 大类型，即土山植被型、石山植被型、湖泊水生植被型和农田栽培植被型（人工植被型）。植被以草地、灌丛、针叶林等为主。构成现阶段分布面积最大的是云南松、华山松、针叶林，其次是禾草灌丛及石灰岩灌丛。从自然植被的演替趋势看，水生植被处于大体稳定状态，但土山和石山植被由于修建环湖公路，沿湖旅游设施以及发展工业等，植被类型有所变化。

4.1.5　气候条件

抚仙湖流域位于亚热带季风气候区，属中亚热带半湿润季风气候。冬春季受印度北部大陆干暖气流和北方南下的干冷气流影响控制，夏秋季主要受印度洋西南暖湿气流和北部湾东南暖湿气流的影响控制，因而形成冬春干旱，夏季多雨湿热，干湿季节分明的主要气候特征。加之抚仙湖径流区地势高低悬殊，降水量随高程增加而增加的"立体气候"特性表现得十分突出。

据抚仙湖流域 1956—2004 年资料分析，其多年平均年降雨量 948.1mm，E_{20m^2} 蒸发池多年平均水面蒸发量为 1105.1mm，多年平均水资源量为 1.387 亿 m^3。据流域内及其周边的 10 个雨量站点统计分析，径流区干湿分明，干季降水量约占全年降水量的 14%，湿季以 7 月降水最多，为 20% 以上。星云湖、抚仙湖两区虽有大体一致的降水过程。但从云南省地表水资源评价和玉溪地区水文手册降水等值线图可见，抚仙湖径流区年降水量略大于星云湖径流区。流域内常年平均气温为 15.6℃，最热月 7 月平均气温为 20.5℃，最冷月 1 月平均气温为 8.3℃。平均相对湿度 75%～80%，全年无霜期 330d，日照时数 2000～2400h。

据澄江气象站（代表抚仙湖区气象条件）统计分析，抚仙湖区域多年平均气温为 15.6℃，最高气温 32.5℃（1966 年 5 月 1 日），最低温度－4.4℃（1974 年 1 月 5 日），多年平均湿度 74.4%，年平均风速 1.4～2.5m/s，最大风速 27.3m/s，常年风向 WSW。据江川气象站（代表星云湖气象条件）统计分析，星云湖流域多年平均气温为 15.6℃，最高气温 33.0℃（1966 年 5 月 1 日），最低温度－5.4℃（1974 年 1 月 5 日），多年平均湿度 74.2%，年平均风速 1.2～2.6m/s，最大风速 34m/s，常年风向 WSW。

4.1.6　河流水系

抚仙湖形似葫芦，北端大，湖面宽而深，南端湖面小而浅，中间窄如颈，是一个南北走向的断层湖。湖南北长约 31.5km，湖最宽处 11.5km，最窄处 3.2km，平均宽度

6.73km，湖岸线总长 90.6km，湖水位在 1721m 时，湖面面积 212km²，最大水深 157.8m，平均水深 87.0m，湖容水量 189.3 亿 m³。近 10 年最低月平均水位 1720.10m，相应湖容水量 187.41 亿 m³，湖面面积 211.55km²。

抚仙湖上游湖泊星云湖，位于江川县境内，被称为抚仙湖的"姊妹湖"。湖面为不规则的梨形，正常湖水位为 1722m，南北长 10.5km，东西宽 5.8km，水面面积 34.71km²，最大水深 10m，湖岸线长 36.3km，湖泊容水量为 1.84 亿 m³。多年平均下泄量为 2433 万 m³。星云湖主要有东西大河、螺蛳铺河、渔村河等 14 条季节性入湖河流。

抚仙湖天然出口是海口河，从海口村起向东流经 14.5km 后汇入南盘江，多年平均出流水量约 9572 万 m³。

2003 年年底，玉溪市委、市政府组织实施了星云湖—抚仙湖出流改道工程。工程自星云湖西岸向九溪河方向开挖泄水隧洞，改变星云湖水的出流方向。原来星云湖每年流入抚仙湖的约 4000 万 m³ 劣 V 类水被彻底阻隔，同时抚仙湖水将有效稀释净化星云湖水质。出流改道工程的建成，改变了抚仙湖、星云湖水的千古流向，每年可调水约 6000 万 m³ 到玉溪市中心城区，并形成新的抚仙湖流域生态系统，对保护抚仙湖、治理星云湖、建设生态城市、促进玉溪经济社会可持续发展将起到重大作用。星云湖出流改道工程完成后，抚仙湖最高运行水位 1722.0m，最低水位 1720.5m；每年 2—5 月抚仙湖向星云湖输水，其余时间两湖独立运行，遇较大洪水时向海口河排泄。

抚仙湖湖泊集水主要靠降水和地下水补给，汇入抚仙湖的河流及山溪有 60 多条。较大的有 27 条，其中，集水面积大于 30km² 的 2 条，10～30km² 的 8 条，小于 10km² 的 17 条。较大的河道有东大河、梁王河、东河、海口河、西河、尖山河、马料河、代村河等，小于 10km² 的河流大多是间歇性的山区河流和农灌沟，呈辐射状汇入抚仙湖（图 4.1）。多年平均入湖径流量 167223 万 m³，受断陷湖盆地质构造的控制，湖泊南北两端河流流程较长，汇水面积较大，而湖泊东西两侧的河流河道短促，坡降大。受气候和地形的控制，地表径流流速大，汇流时间短。

海口河又名清水河，是抚仙湖流域的唯一出口河道，为南盘江的一级支流。河流自抚仙湖的出口处起，沿澄江县与华宁县的边界流经大桥村、朱家桥至华宁县青龙镇大革勒北汇入南盘江，全长约 16km；从抚仙湖出口至南盘江汇口的集水面积约为 60km²，沿河两岸山高坡陡。1958 年根据规划，在该河上建设水力发电站，1959 年由于某种原因下马，直至 1967 年澄江县首先在该河上修建了一座小型水力发电站，到 1987 年澄江和华宁两县在该河上先后修建了 6 座水力发电站，总装机 16910kW。1983 年，在该河上修建了一座电力启动的双孔节制闸，控制抚仙湖的出水流量。

东大河为抚仙湖流域的一级支流，位于抚仙湖北部，发源于梁王山地区，流经九村、旧城，于右所镇南部汇入抚仙湖，全长 18.7km。东大河集水面积约为 55.2m²，1957 年在该河上修建有一座小（1）型水库——东大河水库，水库径流面积 40.1km²，其中外区引流面积 4.1km²。1980 年对该水库进行扩建，现为一中型水库，库容 1064 万 m³，灌溉面积约 2.3 万亩。

梁王河为抚仙湖流域的一级支流，位于抚仙湖北部，发源于梁王山主峰东麓，流经梁王、华光、小西等村镇，于龙街镇南部汇入抚仙湖，全长 21.2km。1956 年在该河上修建

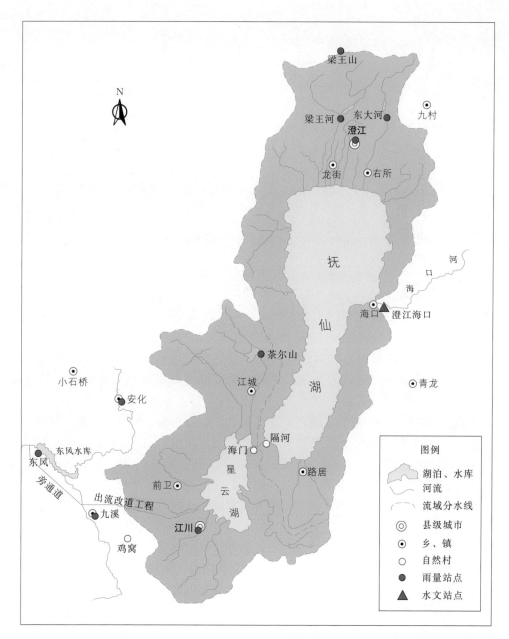

图 4.1　抚仙湖流域水系图

一小（1）型水库——梁王河水库，水库径流面积约 382km²。1976 年对该水库进行扩建，现为中型水库，总库容 1100 万 m³，灌溉面积约 2.6 万亩。

东河为星云湖流域的一级支流，发源于梁王山脉谷堆山西麓，流经桐关、祁家营、尹旗、西河等村镇，于西河南部汇入星云湖，全长 15.6km。1957 年在该河上修建一座小（1）型水库——茶尔山水库，水库径流面积为 72.7km²，其中外区引流面积为 41.2km²；1976 年对该水库进行扩建，现为中型水库，总库容 1075 万 m³，灌溉面积约 1.2 万亩。

西河为东河的主要支流。

4.2 流域社会经济状况

4.2.1 人口与经济

抚仙湖流域跨澄江、江川和华宁三县。其中有澄江县的凤麓、龙街、右所、九村及海口 5 个镇，江川县的路居、翠峰 2 个乡（镇）及华宁县的海关、海镜 2 个村委会，合计 8 个乡（镇）。2011 年区内人口 16.0876 万人，农业人口 14.2500 万人，约占总人口的 88.6%。其中澄江县 12.2931 万人，农业人口 10.6122 万人；江川县 2.8962 万人，农业人口 2.7601 万人；华宁县 0.8983 万人，农业人口 0.8777 万人。95.5% 的人口居住在湖盆区，人口密度高达 238 人/km^2。

4.2.2 社会经济

2010 年，抚仙湖流域内 3 县 8 乡（镇）的国内生产总值达到 507357 万元，其中第一产业 131022 万元，第二产业 181282 万元，第三产业 195053 万元，分别占国内生产总值的 25.82%、35.73%、38.45%。抚仙湖流域是滇中"三湖五山一市"旅游区的重要组成部分。目前，流域内的社会经济结构正在转型，以旅游业为龙头的第三产业正在崛起，以粮食为主导，烤烟为支柱，生猪、蔬菜及乡镇企业为优势的原经济格局正在改变。

抚仙湖流域农村经济以种植业为主，主要粮食作物为水稻、包谷、小麦、蚕豆等，经济作物有烤烟、油菜，畜牧业主要养殖牛、羊、马、猪等。抚仙湖流域共有耕地面积 122090 亩，其中澄江县 98630 亩，江川县 15835 亩，华宁县 7625 亩。流域耕地主要集中在山区，包括澄江县龙街街道的养白牛村、提古村，右所镇的小湾村，海口镇的新村，江川县路居镇上坝、红石岩等行政村和华宁县各村范围。流域内坝区和山区人均耕地面积差异较大，但山区耕地多为望天田，地力较差。

抚仙湖流域第二产业以磷化工、建材、食品加工、水产品为主。抚仙湖径流区内的磷矿开采和磷化工开发始于 1984 年，主要集中在东北部山区的代村河径流区和东大河径流区。针对部分企业无序开采，澄江县对周边的磷矿开采点实施了全面封停，抚仙湖径流区已全面禁采磷矿。抚仙湖流域北岸是澄江县磷矿加工的重要基地，澄江县磷化工企业主要分布在九村镇东鸡哨磷化工工业园区和大坡头。大坡头原分布着德安磷化工有限公司和澄江承坤磷化工厂，位于抚仙湖流域内。目前，大坡头的两个磷化工企业已按相关要求处于停产状态。江川县磷化工企业主要分布在螺蛳铺和江城两个片区，均处于星云湖流域，但其位于抚仙湖南岸，处于抚仙湖的上风向，磷化工排放的废气和粉尘极易通过大气扩散直接进入抚仙湖。磷矿废弃地产生的污染物主要通过东大河和代村河进入抚仙湖，磷化工排放的废气和粉尘主要经大气沉降进入抚仙湖。磷矿开采迹地对湖泊生态系统留下了不同程度的隐患。

抚仙湖流域第三产业以旅游业为主。抚仙湖是我国第二深水淡水湖，水质清澈，风光秀丽，景色宜人，1988年被列为省级风景名胜区。该景区湖光山色绚丽多姿，文物古迹遍布整个区域，民族风情引人入胜，高原水乡情调浓郁，是集旅游、度假为一体的湖泊风景区。1988年以来，旅游业得到迅猛发展。2011年，抚仙湖区域接待游客356.4万人次，比上年增长8.98%，实现旅游收入15.11亿元，同比增长26.32%。

4.2.3 水资源及开发利用状况

抚仙湖流域（含星云湖）1956—2000年多年平均水资源量为1.332亿 m^3，其中年最大水资源量为2.99亿 m^3（1971年），年最小为0.003亿 m^3（1969年）。抚仙湖蓄水量206.2亿 m^3，年可利用的动态水资源量9572万 m^3，人均占有水资源量655 m^3，低于全省、全市平均值。2011年供水量5828万 m^3，占多年平均水资源量的72.3%。

流域内有中型水库2座，小型水库68座，坝塘40个，总蓄水量约3200万 m^3；环湖建有195个抽水站，灌溉面积2000hm^2。汇入湖泊的河流14条，湖区出露泉水24处；流域内还有大量的引水和提水工程。

4.3 水生生物情况

4.3.1 浮游植物

浮游植物是水环境中的初级生产者和食物链的基础环节，在物质循环和能量转化过程中起着重要的作用，浮游植物群落结构的变化，往往是反映水环境状况的重要指标。

20世纪80年代中国科学院南京地理与湖泊研究所对抚仙湖浮游植物群落结构进行调查，共计有6门36属45种。水华束丝藻（*Aphanizomenon flos*）、丝藻（*Ulothrix sp.*）、角星鼓藻（*Staurastrum sp.*）、广缘小环藻（*Cyclotella bodanica*）、飞燕角甲藻（*Ceratium hirundinella*）、纤维藻（*Ankistrodesmus sp.*）、四足十字藻（*Crucigenia tetrapedia*）等是湖中主要种类。广泛分布于全湖，全湖平均为12.74×10^4 个/L。至1990年主要种类是小转板藻（*Mougeotia parvula*）、小环藻（*Cylotella*）、水华束丝藻（*Aphanizomenon flos*）、分歧锥藻（*Dinobryon divergens*）和飞角甲藻（*Ceratium hirundinella*），全湖平均17.8×10^4 个/L。2000年，主要种类为栅藻（*Scenedesmus*）小转板藻、小环藻（*Cyclotella sp.*）、铜绿微藻（*Microcystis aeruginosa*）和水华束丝藻，全湖平均33.0×10^4 个/L。2004年抚仙湖浮游植物种群调查发现有7门49属78种，其中小转板藻一直是优势种，微小四角藻（*Tetraedron trilobulatum*）、对栅藻（*Scenedesmus bijugatus*）、广缘小环藻（*Cyclotella bodanica*）、飞燕角甲藻、花环锥囊藻（*Dinobryon sertularia*）为常见种。根据多年调查资料显示（表4.1），抚仙湖浮游植物种类组成发生了演替，由硅藻门占优势转向绿藻门占优势（图4.2），特别是20世纪90年代中期以来，绿藻门的转板藻占据了优势，抚仙湖藻类个体也表现出从小型到大型丝状藻类的演替。抚仙湖的浮游植物密度也发生了变化，从1980年的12.74×10^4 个/L，到2008年上升到176.64×10^4 个/L，这表明抚仙湖的营养积累和藻类增长过程正在加速进展。

表 4.1 抚仙湖历年的浮游植物数量组成 单位：10^4 个/L

年份	蓝藻门	绿藻门	硅藻门	金藻门	甲藻门	裸藻门	隐藻门	合计
1980	5.30	4.72	2.72					12.74
1990	3.60	8.60	4.16	1.44	0.13	0.07		18.00
1995	3.11	8.89	2.17	2.29	0.98	0.30	3.11	20.85
2000	5.40	16.50	6.90	0.80	2.10	0.80		32.50
2001	9.02	26.74	12.45	0.70	0.70	0.80		50.41
2002	6.75	58.62	28.29	0.56	0.31	0.15	0.04	94.72
2003	1.77	71.40	44.70	0.90	4.17	0.69	0.04	123.67
2004	1.10	75.31	52.85	3.84	0.94	0.48		134.52
2008	2.82	80.19	50.48	4.44	4.21	16.94	17.56	176.64
2009	6.47	35.04	49.56	7.23	1.65	4.84	33.52	138.31
2010	3.50	39.79	19.72	4.95	0.38	0.98	37.23	106.55
2011	0.99	19.38	23.27	6.53	0.77	0.56	29.31	80.81

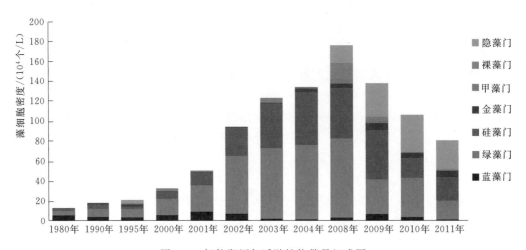

图 4.2 抚仙湖历年浮游植物数量组成图

4.3.2 鱼类

抚仙湖渔业资源丰富，渔业生产是沿湖渔民群众传统的经济来源和增收致富的有效途径。1977—1983 年，高礼存等记述鱼类 39 种，隶属于 4 目 15 科（亚科），其中外来鱼类 9 种；1988—1995 年，杨君兴等对湖中若干鱼类的生物学特性进行了研究，记述鱼类 39 种（亚种），隶属于 7 目 14 科 33 属，其中外来鱼类 14 种 。历史调查资料表明：抚仙湖有土著鱼类 25 种，其中特有鱼类 12 种。2004—2005 年调查抚仙湖鱼类 33 种，隶属于 13 科 30 属，其中土著鱼类 14 种，占 42.4%；其他鱼类 19 种，占 57.6% 。在种数上，非土著鱼类已经占据了抚仙湖鱼类的主体。抚仙湖鱼类群落结构发生了显著变化，土著鱼类减少，其他鱼类增多，与 1995 年调查资料比，11 种土著鱼类未采到，其中包括 8 种特有鱼类，其他鱼类增加 5 种。抚仙湖主要渔获种类为：太湖新银鱼、云南倒刺鲃、抚仙鲌、黄颡鱼和鲫等。鲦、间下缀、棒花鱼、子陵栉缀虎鱼、麦穗鱼等种群数量也较大。抚仙湖鱼类资源的变化，以土著鱼类缣浪白鱼资源的衰竭和外来鱼类太湖新银鱼资源的增长最为典型。20 世纪 80 年代缣浪白鱼全湖产量 300～400t，90 年代初开始持续下降，到 1998 年产量为 10.4t，2000—2004 年年产量约 0.5～1t。2011 年《云南省玉溪市三大高原湖泊鱼类资源调查》研究表明，抚仙湖鱼类共 65 种，其中土著鱼类 25 种，特有鱼类 14 种，是云南省九大高原湖泊中土著鱼资源保存较完整和鱼类演变区划具有典型性、代表性的湖泊之一。据抚仙湖管理部门统计，抚仙湖渔业年总产量基本保持在 1700t 左右，渔业收入约 2000 多万元。2004—2005 年调查抚仙湖鱼类 33 种，隶属于 13 科 30 属，其中土著鱼类 14 种，占 42.4%；其他鱼类 19 种，占 57.6%。在种数上，非土著鱼类已经占据了抚仙湖鱼类的主体。抚仙湖鱼类群落结构发生了显著变化，土著鱼类减少，其他鱼类增多，与 1995 年调查资料比，11 种土著鱼类未采到，其中包括 8 种特有鱼类，其他鱼类增加 5 种。抚仙湖主要渔获种类为：太湖新银鱼、云南倒刺鲃、抚仙鲌、黄颡鱼和鲫等。鲦、间下缀、棒花鱼、子陵栉缀虎鱼、麦穗鱼等种群数量也较大。抚仙湖鱼类资源的变化，以土著鱼类缣浪白鱼资源的衰竭和外来鱼类太湖新银鱼资源的增长最为典型。

　　星云湖是一个重要的渔业产地。20 世纪 60 年代湖内有 8 种鱼类，以大头鲤鱼、星云白鱼占优势，后放养鲢鱼、鳙鱼、草鱼、青鱼四大家鱼。80 年代引进短吻银鱼，鱼类发展到 21 种，分别隶属 7 科，主要鲤科 15 种，鳅科、合鳃科、鲤科、鲶科、短虎鱼科、银鱼科各 1 种。近年来由于湖泊环境改变，过渡捕捞，大头鲤鱼濒临绝种边缘。1994 年又引养中华绒螯蟹，因养蟹饵料量大，对湖水污染严重，同时蟹的生长对湖区水生植物生长不利，2000 年玉溪市政府已取缔养殖。2011 年《云南省玉溪市三大高原湖泊鱼类资源调查》研究显示，星云湖鱼类隶属于 5 科 18 种，主要为鲤科，其次为鳅科、合鳃科、鳢科、鲶科等。星云湖鱼的种类有青鱼、草鱼、鲢鱼、鳙鱼、大头鱼、鲫鱼、星云白鱼、杞麓鲤、鲤鱼、华南鲤、太湖短吻银鱼、云南倒刺鲃、乌鳢、细须鲶、滇池高背鲫鱼、麦穗鱼、泥鳅、黄鳝。上述鱼类除青鱼、草鱼、鲢鱼、鲂鱼、滇池高背鲫鱼、华南鲤、太湖短吻银鱼、麦穗鱼属人工移入外，其余为土著鱼。星云湖湖底平缓，水深适中，浮游动物、浮游生物和底栖生物丰富，因而所产鱼类不但数量多，生长快，而且质量特别高。

第 **5** 章

抚仙湖流域健康评估指标
调查监测方法

5.1 评估分区

5.1.1 抚仙湖评估分区

抚仙湖是一个南北走向的断层湖，湖南北长约 31.5km，北端湖面宽而深，最宽处 11.5km，南端湖面小而浅，最窄处 3.2km，中间窄如颈。北部盆地是澄江县城，有梁王河、东大河注入抚仙湖，污染物输入影响北部水域水质。湖区东岸多为山地，有唯一出口清水河东流汇入南盘江。西岸为主要旅游景区，有天然浴场禄充及阳光海岸。南部有隔河与星云湖相连。

根据抚仙湖流域特征，按湖滨带形态、沿岸经济社会发展情况，抚仙湖湖区划分为 6 个评估分区，详见图 5.1。

C_I 区为抚仙湖最北部，岸边多为农田，分布旅游设施，澄江县城位于上游，有东大河、梁王河等河流汇入，水面面积 12km²；C_{II} 区水域东岸为山地，右岸多滩涂，禄充湖滨浴场区位于其间，水面面积 78km²；C_{III} 区东岸有抚仙湖天然出口清水河，水面面积 39km²；C_{IV} 区湖面变窄，东西岸均为山地，水面面积 50km²；C_V 区东岸为山地，西岸为旅游区，湖心有孤山岛，水面面积 25km²；C_{VI} 区为抚仙湖最南部，有隔河与星云湖相连，水面面积 8km²。

5.1.2 星云湖评估分区

星云湖湖面为不规则的梨形，南北长 10.5km，东西宽 5.8km，正常湖水位为 1722m，水面面积 34.71km²。星云湖为高原陷落性湖泊，沿岸坡度平缓，四周大部为农田，湖底平坦，最大水深 10m。江川县城位于星云湖西南部。星云湖湖区划分为 4 个评估分区，详见图 5.2。D_I 区北部有东河等河流汇入，东部有隔河与抚仙湖相连，岸边多为农田；D_{II} 区岸边多为山地，汇入河流较少；D_{III} 区星云湖出流改道进水口位于西南部；D_{IV} 区为星云湖南部，有多条河流汇入，岸边多为农田。

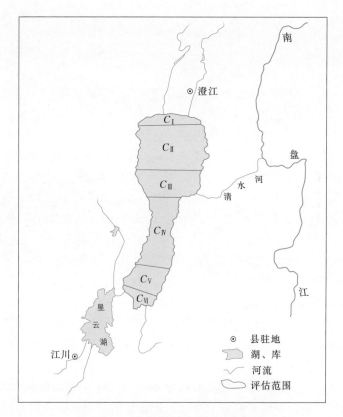

图 5.1　抚仙湖评估分区示意图

图 5.2　星云湖评估分区示意图

5.2 两湖评估指标体系

湖泊水位变化是控制湖泊生态系统的重要因素。水位的变化范围、频度、持续时间是湖泊物理化学过程和生物过程的重要影响因子。湖泊生态水位是维护生态系统正常运行的合理水位，湖泊生态水位的变化按季节出现，也是湖泊生态系统健康的重要保障。评价湖泊水位变化特征的指标包括最低水位、最高水位、正常水位等特征水位，以及各特征水位的时序与持续时间等。一般情况下，将最低生态水位的满足程度作为评估重点，但目前抚仙湖、星云湖出流均有闸门控制，水位可人工调节控制，并且两湖保护条例中明确最高蓄水位为 1722.50m（黄海高程），最低运行水位 1720.80m，依据湖泊如有相关法规性文件规定的最低运行水位，则该最低运行水位为湖泊健康评估的最低生态水位的要求，抚仙湖、星云湖最低生态水位满足程度将达到 100%，对水文水资源准则层评估意义不大，因此选择水位变异程度作为两湖水文水资源准则层的指标。

抚仙湖多年水质监测数据显示，重金属各项指标均小于方法检出限，化学需氧量、五日生化需氧量均小于地表水环境质量标准Ⅰ类水标准，评估的敏感性和指示性较差，因此重金属污染状况不作为评估指标，仅用高锰酸盐指数、氨氮作为耗氧有机污染状况评估指标。多年来众多专家、学者对抚仙湖鱼类资源进行了调查研究，由于抚仙湖为深水湖泊，鱼类难以捕获，调查获取的鱼类资料较难齐全，且各自的调查采取不同的采样方式，数据间难以开展比对，很难建立起一个合适的评估标准。因此抚仙湖本次健康评估暂不纳入鱼类指标层。

两湖健康评估指标体系表见表 5.1。

表 5.1 两湖健康评估指标体系表

评估湖泊	准则层	指标层	评 价 指 标
抚仙湖星云湖	水文水资源	水位过程变异程度	丰水期水量指标、枯水期水量指标、最大月水量指标、最小月水量指标、连续高流量指标、连续低流量指标、连续极小流量指标和水量季节性变化指标
	物理结构	湖滨带状况	湖岸稳定性、湖滨带植被覆盖度、湖滨带人工干扰程度
	水质	溶解氧水质状况	溶解氧
		耗氧有机污染状况	高锰酸盐指数、氨氮
		湖库富营养化状况	总氮、总磷、高锰酸盐指数、叶绿素 a、透明度
	水生生物	底栖动物	种群结构、生物量、Shannon - Wiener 多样性指数、Pielou 均匀度指数
		浮游植物	藻类种群结构、藻细胞密度
		附生硅藻	硅藻生物指数（IBD）、特定污染敏感指数（IPS）

续表

评估湖泊	准则层	指 标 层	评 价 指 标
抚仙湖 星云湖	社会服务 功能	水功能区达标指标	水功能区达标率
		水资源开发利用指标	水资源开发利用率
		防洪指标	工程措施完善率
		公众满意度指标	各类公众权重评分值

5.3　量化指标调查监测方法

5.3.1　指标取样调查位置

　　两湖评估指标中，水文水资源、社会服务功能的指标属于湖泊尺度指标，物理结构准则层的指标属于区域尺度指标，水质、生物准则层的指标属于断面尺度指标。两湖健康评估指标取样调查位置或范围说明详见表 5.2。

表 5.2　　　　　　　　　**两湖健康评估指标取样调查位置或范围说明**

准 则 层	指 标 层	指标尺度	取样调查监测位置或范围
水文水资源	水位过程	湖泊尺度	湖区水位站
物理结构	湖滨带状况	区域尺度	各评估区域
水质	溶解氧水质状况	断面尺度	湖区监测点位
	耗氧有机污染状况	断面尺度	湖区监测点位
	湖库富营养化状况	断面尺度	湖区监测点位
生物	底栖动物	断面尺度	近岸带监测点位
	浮游植物	断面尺度	湖区监测点位
	附生硅藻	断面尺度	近岸带监测点位
社会服务功能	水功能区达标指标	湖泊尺度	评估湖泊
	水资源开发利用指标	湖泊尺度	评估湖泊
	防洪指标	湖泊尺度	评估湖泊
	公众满意度指标	湖泊尺度	评估湖泊

5.3.2　指标调查监测站点

　　抚仙湖湖区划分为 6 个水域，湖区共布设 34 个点位，进行水质、浮游植物的监测；近岸带共设置 10 个点位，采集生物样品，进行物理结构等调查。星云湖湖区划分为 4 个水域，近岸带和湖区共计布设 5 个点位，同时进行水质、生物和物理结构等调查。抚仙湖及星云湖监测调查点位详见表 5.3，两湖监测水域划分及监测点位示意图见图 5.3。

表5.3 抚仙湖及星云湖监测调查点位表

评估湖泊	评估区域编号	采集水域	点位编号	北纬/(°)	东经/(°)	备 注
抚仙湖	C_I	湖区	B_1	24.61948	102.8554	岸边多为农田,分布旅游设施,澄江县城位于上游,有东大河、梁王河等河流汇入
		近岸带	A_3（小村）	24.62535	102.8524	
		近岸带	A_4（东大河湿地）	24.62887	102.9239	
	C_{II}	湖区	B_2	24.61267	102.8802	水域左岸为山地,右岸多滩涂,为湖滨浴场区
		湖区	B_3	24.61467	102.9175	
		湖区	B_4	24.60022	102.9321	
		湖区	B_5	24.59240	102.9259	
		湖区	B_6	24.59170	102.8925	
		湖区	B_7	24.59033	102.8538	
		湖区	B_8	24.56525	102.8480	
		湖区	B_9	24.56240	102.8796	
		湖区	B_{10}	24.55998	102.9156	
		湖区	B_{11}	24.56243	102.9486	
		近岸带	A_2（禄充）	24.55693	102.8406	
		近岸带	A_5（狗爬坎）	24.55631	102.9488	
	C_{III}	湖区	B_{12}	24.53933	102.9440	左岸有抚仙湖天然出口清水河
		湖区	B_{13}	24.53483	102.9149	
		湖区	B_{14}	24.53758	102.8844	
		湖区	B_{15}	24.53345	102.8495	
		湖区	B_{18}	24.51533	102.9325	
		近岸带	A_6（海口）	24.51920	102.9377	
	C_{IV}	湖区	B_{16}	24.50752	102.8628	湖面变窄,两岸为山地
		湖区	B_{17}	24.50897	102.8919	
		湖区	B_{19}	24.48633	102.9056	
		湖区	B_{20}	24.47918	102.8682	
		湖区	B_{21}	24.46527	102.8815	
		湖区	B_{22}	24.45407	102.8986	

续表

评估湖泊	评估区域编号	采集水域	点位编号	北纬/(°)	东经/(°)	备注
抚仙湖	C_{IV}	湖区	B_{23}	24.45240	102.8630	湖面变窄，两岸为山地
		湖区	B_{24}	24.43122	102.8514	
		湖区	B_{25}	24.43125	102.8744	
		湖区	B_{26}	24.43383	102.9011	
		近岸带	A_7（矣马谷村）	24.48999	102.9065	
		近岸带	A_1（小马沟）	24.43384	102.8484	
	C_V	湖区	B_{27}	24.41150	102.8973	左岸为山地，右岸为旅游区，湖心有孤山岛
		湖区	B_{28}	24.41232	102.8689	
		湖区	B_{29}	24.41053	102.8416	
		湖区	B_{33}	24.38628	102.8848	
		湖区	B_{34}	24.39347	102.8606	
		近岸带	A_8（情人岛）	24.37797	102.8764	
		近岸带	A_{10}（隔河）	24.39038	102.8212	
	C_{VI}	湖区	B_{30}	24.37750	102.8264	有隔河与星云湖相连
		湖区	B_{31}	24.35462	102.8401	
		湖区	B_{32}	24.35875	102.8650	
		近岸带	A_9（清鱼湾）	24.35535	102.8382	
星云湖	D_I	湖区	D_1	24.37768	102.7995	北部有东河等河流汇入，东部有隔河与抚仙湖相连，岸边多为农田
		湖区	D_2	24.37024	102.7921	
		近岸带	海门桥	24.37390	102.8077	
		近岸带	侯家沟	24.38330	102.7824	
	D_{II}	湖区	D_3	24.35209	102.7828	岸边多为山地，汇入河流较少
		近岸带	大麦地	24.34175	102.8042	
	D_{III}	湖区	D_4	24.31816	102.7685	星云湖出流改道进水口位于西南部
		近岸带	星云湖出水改道	24.31890	102.7606	
	D_{IV}	湖区	D_5	24.31188	102.7884	南部有多条河流汇入，岸边多为农田
		近岸带	石岩哨	24.29631	102.8041	

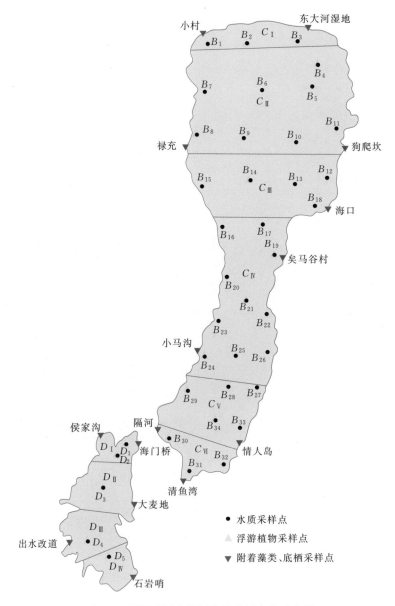

图 5.3　两湖监测水域划分及监测点位示意图

第 6 章

抚仙湖水资源质量现状调查

6.1 水质现状调查

6.1.1 抚仙湖湖区水质状况

6.1.1.1 2011 年水质状况

据《2011 年云南省水资源公报》，抚仙湖有孤山湖心、隔河、海口、禄冲、新河口 5 个监测点位，综合评价水质大部分为 I 类，局部为 II 类。全年、汛期、非汛期均为 I 类的水域主要分布于中部湖区，面积约有 84.8km², 占湖泊总面积的 40%；湖区北部及南部水域，全年、汛期、非汛期均为 II 类，面积约有 127.2km², 占湖泊总面积的 60%。影响抚仙湖湖区水质为 II 类的主要是总磷、总氮两项指标。

抚仙湖湖区各个水期营养状况均属中营养。五个评价指标中：总氮为 0.086～0.979mg/L，平均为 0.212mg/L；总磷为 0.010～0.048mg/L，平均为 0.019mg/L；高锰酸盐指数为 0.9～2.2mg/L，平均为 1.6mg/L；叶绿素 a 为 0.0005～0.0039mg/L，平均为 0.0015mg/L；透明度为 6.1～8.2m，平均为 7.6mg/L。

6.1.1.2 2000—2010 年水质状况

2000—2010 年 11 年间，抚仙湖全湖平均水质有 3 年为 I 类，6 年为 II 类，为 III 类和 IV 类的各有 1 年。水质为 IV 类的 2000 年主要超标项目为总磷。营养化指数为 25.8～43.4，营养化状态虽均为中营养，但营养化指数有所下降。抚仙湖 2000—2010 年水质总体评价结果详见表 6.1。

表 6.1　　　　　　　　　抚仙湖 2000—2010 年水质总体评价结果表

评价时段	水质类别	营养化指数	营养化状态	超标项目
2000 年	IV	43.4	中营养	总磷
2001 年	III	34.7	中营养	
2002 年	II	32.7	中营养	
2003 年	II	29.0	中营养	
2004 年	II	30.7	中营养	
2005 年	II	29.1	中营养	

评价时段	水质类别	营养化指数	营养化状态	超标项目
2006 年	I	27.6	中营养	
2007 年	II	29.1	中营养	
2008 年	I	25.8	中营养	
2009 年	I	27.2	中营养	
2010 年	II	28.2	中营养	

6.1.2 星云湖湖区水质状况

星云湖有湖心、海门桥两个监测点位，2011 年综合评价水质均为劣 V 类，主要超标项目为总氮、总磷、pH、高锰酸盐指数等；全部 34.71km² 水域全年、汛期、非汛期均为劣 V 类；湖区各个水期营养化状况均属中度富营养。

2000—2010 年间水质多为劣 V 类，仅 2004 年、2005 年、2007 年水质为 V 类，2008年水质为 IV 类。营养化指数为 56.1～69.6，处于轻度—中度富营养化状态。星云湖2000—2010 年水质总体评价结果详见表 6.2。

表 6.2　　　　　　　　　**星云湖 2000—2010 年水质总体评价结果表**

评价时段	水质类别	营养化指数	营养化状态	超　标　项　目
2000 年	劣 V	63.8	中度富营养	总磷、五日生化需氧量、高锰酸盐指数
2001 年	劣 V	56.9	轻度富营养	总磷、总氮、pH
2002 年	劣 V	56.1	轻度富营养	总磷、高锰酸盐指数
2003 年	劣 V	62.7	中度富营养	总磷、总氮、高锰酸盐指数
2004 年	V	61.6	中度富营养	总磷、总氮、高锰酸盐指数
2005 年	V	60.0	轻度富营养	总磷、总氮、高锰酸盐指数
2006 年	劣 V	60.3	中度富营养	总磷、总氮、高锰酸盐指数、pH
2007 年	V	62.2	中度富营养	总磷、总氮、高锰酸盐指数
2008 年	IV	58.2	轻度富营养	总磷、总氮、高锰酸盐指数
2009 年	劣 V	64.4	中度富营养	总磷、总氮、高锰酸盐指数
2010 年	劣 V	69.6	中度富营养	总磷、总氮、高锰酸盐指数

6.2 水质主要影响指标近十年变化趋势

6.2.1 水质变化趋势分析方法

6.2.1.1 季节性 Kendall 检验法

其原理是将历年相同月（季）的水质资料进行比较，如果后面的值（时间上）高于前面的值记为"＋"号，否则记作"－"号。如果加号的个数比减号的多，则可能为上升趋势，类似地，如果减号的个数比加号的多，则可能为下降趋势。如果水质资料不存在上升或下降趋势，则正号、负号的个数分别为 50%。

众所周知，河流湖泊的流量、水位具有一年一度的周期性变化，水质组分浓度大多受流量、水位的周期性变化的影响，因此，将汛期与非汛期的水质资料进行比较缺乏可比性。季节性 Kendall 检验定义为水质资料在历年相同月份间的比较，这避免了季节性的影响。同时，由于数据比较只考虑数据相对排列而不考虑其大小，故能避免水质资料中常见的漏测值问题，也使奇异值对水质趋势分析影响降到最低限度。

对于季节性 Kendall 检验来说。零假设 Ho 为随机变量与时间独立，假定全年 12 月的水质资料具有相同的概率分布。

设有 n 年 P 月的水质资料观测序列 X 为式（6.1）：

$$x = \begin{bmatrix} x_{11'} & x_{12'} & \cdots & x_{1P} \\ x_{21'} & x_{22'} & \cdots & x_{2P} \\ \vdots & \vdots & \vdots & \vdots \\ x_{n1'} & x_{n2'} & \cdots & x_{nP} \end{bmatrix} \tag{6.1}$$

式中　$x_{11'}$，$\cdots$，x_{np}——月水质浓度观测值。

（1）对于 P 月中第 i 月（$i \leqslant P$）的情况。

令第 i 月历年水质系列相比较（后面的数与前面的数之差）的正负号之和 S_i 为式（6.2）：

$$S_i = \sum_{k=1}^{n-1} \sum_{j=k+1}^{n} G(x_{ij} - x_{ik}) \quad (1 \leqslant k \leqslant j \leqslant n) \tag{6.2}$$

式中　$G(x_{ij} - x_{ik}) = \begin{cases} 1 & (x_{ij} - x_{ik}) > 0 \\ 0 & (x_{ij} - x_{ik}) = 0 \\ -1 & (x_{ij} - x_{ik}) < 0 \end{cases}$。

由此，第 i 月内可以作比较的差值数据组个数 m_i 为式（6.3）：

$$m_i = \sum_{k=1}^{n-1} \sum_{j=k+1}^{n} |G(x_{ij} - x_{ik})| = \frac{n_i(n_i - 1)}{2} \tag{6.3}$$

式中　n_i——第 i 月内水质系列中非漏测值个数。

在零假设下，随机序列 $S_i(i=1,2,\cdots,p)$ 近似地服从正态分布，则 S_i 的均值和方差如式（6.4）、式（6.5）：

$$E(S_i) = 0 \tag{6.4}$$

$$\sigma_1^2 = \mathrm{Var}(s_i) = \frac{n_i(n_i - 1)(2n_i + 5)}{18} \tag{6.5}$$

当 n_i 个非漏测值中有 t 个数相同，则公式 σ_i^2 为式（6.6）：

$$\sigma_i^2 = \mathrm{Var}(s_i) = \frac{n_i(n_i - 1)(2n_i + 5)}{18} - \frac{\sum_t t(t-1)(2t+5)}{18} \tag{6.6}$$

（2）对于 p 月总体情况。

令　　　　　　$S = \sum_{i=1}^{p} S_i \qquad m = \sum_{i=1}^{p} m_i$

在假设下，p 月 S 的均值和方差为式（6.7）、式（6.8）：

$$E(s) = \sum_{i=1}^{p} E(s_i) = 0 \tag{6.7}$$

$$\sigma^2 = \text{Var}(s) = \sum_{i=1}^{p} \sigma_i^2 + \sum_{ih} \sigma_{ih} = \sum_{i=1}^{p} \text{Var}(s_i) + \sum_{i=1}^{p} \sum_{i=h}^{p} \text{Cov}(s_i, s_h) \tag{6.8}$$

式中，S_i 和 $S_h (i \neq h)$ 都是独立随机变量的函数，即 $S_i = f(X_i)$，$S_h = f(X_h)$，其中 X_i 为 i 月历年的水质序列，X_h 为 h 月历年的水质序列，并且 $X_i \cap X_h = \varphi$；因为 X_i 和 X_h 分别来自 i 月和 h 月的水质资料，并且总体时间序列 X 的所有元素是独立的，故协方差 $\text{Cov}(S_i, S_h) = 0$。将其式代入式（6.8），则得式（6.9）：

$$\text{Var}(s) = \sum_{i=1}^{p} \frac{n_i(n_i - 1)(2n_i + 5)}{18} \tag{6.9}$$

当 n 年水质系列有 t 个数相同时，同样有式（6.10）：

$$\text{Var}(s) = \sum_{i=1}^{p} \frac{n_i(n_i - 1)(2n_i + 5)}{18} - \frac{\sum_t t(t - 1)(2t + 5)}{18} \tag{6.10}$$

Kendall 发现，当 $n \geqslant 10$ 时，S 也服从正态分布，并且标准方差 Z 为式（6.11）：

$$z = \begin{cases} \dfrac{s - 1}{[\text{Var}(s)]^{1/2}} & s > 0 \\ 0 & s = 0 \\ \dfrac{s + 1}{[\text{Var}(s)]^{1/2}} & s < 0 \end{cases} \tag{6.11}$$

（3）趋势检验。Kendall 检验计量 t 定义为：$t = S/m$，由此在双尾趋势检验中，如果 $|Z| \leqslant Z_a/2$，则接受零假设。这里 $FN(Z_a/2) = \alpha/2$，FN 为标准正态分布函数，即：

$$FN = \frac{1}{\sqrt{2\pi}} \int_{|z|}^{\infty} e^{-\frac{1}{2}t^2} dt \tag{6.12}$$

α 为趋势检验的显著水平，α 值为

$$\alpha = \frac{2}{\sqrt{2\pi}} \int_{|z|}^{\infty} e^{-\frac{1}{2}t^2} dt \tag{6.13}$$

水质变化趋势分析结果可分为三类五级。三类为上升、下降和无趋势，五级为高度显著上升、显著上升、无趋势、显著下降和高度显著下降。我们取显著性水平 α 为 0.1 和 0.01，即当 $\alpha \leqslant 0.01$ 时，检验具有高度显著性水平，当 $0.01 < \alpha \leqslant 0.1$ 时，检验是显著的，当 α 计算结果满足上述两条件情况时，t 为正则说明具有显著（或高度显著性）上升趋势，t 为负则说明具有显著（或高度显著性）下降趋势，t 为零则无趋势。当 $\alpha > 0.1$ 时，也为无趋势。

水质变化趋势分析时段不应低于 5 年，每年监测次数不应低于 4 次，评价时段内选择的评价断面应相同或相近。

6.2.1.2 湖区水质变化趋势分析

按《地表水资源质量评价技术规程》（SL 395—2007），用季节性 Kendall 检验法对湖区水质站各项目变化趋势进行分析。湖区水质变化趋势分析通过计算单项水质项目上升趋势水质站比例、下降趋势水质站比例、无趋势水质站比例评价，评价单项水质项目水质变

化特征和湖区水质变化特征。

湖区单项水质变化趋势比例采用式（6.14）～式（6.16）计算：

$$TUP_m = \frac{NUP_m}{N} \qquad (6.14)$$

$$TDN_m = \frac{NDN_m}{N} \qquad (6.15)$$

$$N = NUP_m + NDN_m + NNO_m \qquad (6.16)$$

式中　TUP_m——某单项水质项目的上升比例；

　　　TDN_m——某单项水质项目的下降比例；

　　　NUP_m——某单项水质项目上升趋势水质站数；

　　　NDN_m——某单项水质项目下降趋势水质站数；

　　　NNO_m——某单项水质项目无趋势水质站数；

　　　　N——进行湖区水质项目趋势分析的水质站数。

湖区水质变化趋势分析结果以综合指数 $WQTI$ 表示，按式（6.17）、式（6.18）计算：

$$WQTI_{UP} = \frac{\sum\limits_{m=1}^{M-1} TUP_m + TDN_{DO}}{M} \qquad (6.17)$$

$$WQTI_{DN} = \frac{\sum\limits_{m=1}^{M-1} TDN_m + TUP_{DO}}{M} \qquad (6.18)$$

式中　$WQTI_{UP}$——湖区水质变化上升趋势综合指数；

　　　$WQTI_{DN}$——湖区水质变化下降趋势综合指数；

　　　TUP_{DO}——溶解氧上升趋势比例；

　　　TDN_{DO}——溶解氧下降趋势比例；

　　　TUP_m——其他水质项目上升趋势比例；

　　　TDN_m——其他水质项目下降趋势比例；

　　　　M——评价项目总数。

根据某单项水质项目上升比例和下降比例的大小关系，判断湖区单项水质项目的变化特征。若 $TUP_m > TDN_m$（溶解氧为 $TUP_{DO} < TDN_{DO}$），表明湖区该单项水质项目趋于恶化，反之趋于改善。

根据湖区水质变化上升趋势综合指数和下降趋势综合指数的大小关系，判断湖区总体水质变化特征。若 $WQTI_{UP} > WQTI_{DN}$，表明湖区水质整体状况趋于恶化，反之有所好转。

6.2.2　抚仙湖水质变化趋势

6.2.2.1　湖区水质总体变化趋势

采用 2000—2010 年抚仙湖 5 个监测断面的溶解氧、高锰酸盐指数、氨氮、总磷和总氮长系列监测资料进行抚仙湖水质变化趋势分析。

抚仙湖湖区水质变化上升趋势综合指数和下降趋势综合指数均为32%，总体水质变化无显明趋势。5项指标中，溶解氧呈现无变化趋势；氨氮、高锰酸盐有恶化趋势；总磷、总氮有改善趋势（表6.3和表6.4）。

表6.3 　　　　　　　　　　　　2000—2010年抚仙湖水质站趋势分析评价结果表

项 目		溶解氧	氨氮	总氮	高锰酸盐指数	总磷
抚仙湖隔河	变化率/%	0.06	0.00	−8.70	−1.67	−10.71
	显著水平/%	75.59	0.61	1.03	5.37	0.18
	评价结论	无明显升降趋势	高度显著上升	显著下降	显著下降	高度显著下降
抚仙湖孤山湖心	变化率/%	0.24	0.00	−9.17	0.00	0.00
	显著水平/%	32.52	0.56	1.34	13.19	0.42
	评价结论	无明显升降趋势	高度显著上升	显著下降	无明显升降趋势	高度显著下降
抚仙湖禄充	变化率/%	0.00	0.00	−2.70	−1.10	0.00
	显著水平/%	100.00	1.88	7.08	16.81	1.80
	评价结论	无明显升降趋势	显著上升	显著下降	无明显升降趋势	显著下降
抚仙湖新河口	变化率/%	0.50	15.83	−3.95	2.08	0.00
	显著水平/%	22.20	0.01	31.33	5.39	79.98
	评价结论	无明显升降趋势	高度显著上升	无明显升降趋势	显著上升	无明显升降趋势
抚仙湖海口	变化率/%	0.39	5.56	−4.33	2.34	0.00
	显著水平/%	34.73	0.03	10.00	0.03	14.40
	评价结论	无明显升降趋势	高度显著上升	显著下降	高度显著上升	无明显升降趋势

表6.4 　　　　　　　　　　　　2000—2010年抚仙湖水质变化趋势分析结果

项 目	溶解氧	氨氮	总氮	高锰酸盐指数	总磷
上升趋势水质站数 NUP_m/个	0	5	1	2	0
下降趋势水质站数 NDN_m/个	0	0	4	1	3
无趋势水质站数 NNO_m/个	5	0	0	2	2
单项上升比例 TUP_m/%	0	100.0	20.0	40.0	0
单项下降比例 TDN_m/%	0	0	80.0	20.0	60.0
湖区单项水质变化特征	无趋势	恶化	改善	恶化	改善
$WQTI_{UP}$/%	32.0				
$WQTI_{DN}$/%	32.0				
湖区总体水质变化特征	无趋势				

6.2.2.2 水质主要影响指标近十年浓度变化

抚仙湖水质评价大部分为Ⅰ类，局部为Ⅱ类，主要影响指标为总磷、总氮、氨氮、高锰酸盐指数等 4 个项目。

（1）总磷。2000—2010 年总磷浓度为 0.000～0.096mg/L，最大值出现在 2000 年抚仙湖的隔河站点，5 个监测点的总磷最大值均出现在 2000 年，2002 年后基本呈缓慢下降趋势（图 6.1）。

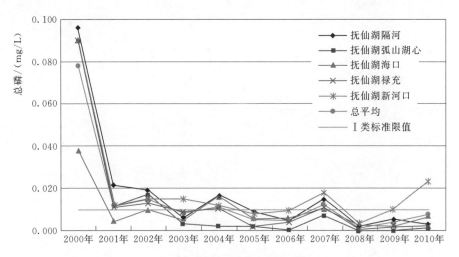

图 6.1　抚仙湖总磷年际变化趋势图

（2）总氮。2000—2010 年总氮浓度为 0.114～0.868mg/L，最大值出现在 2001 年抚仙湖的隔河站点，5 个监测点从 2000—2001 年呈上升趋势，2002 年后基本呈缓慢下降趋势，总氮浓度值在 I 类标准附近波动（图 6.2）。

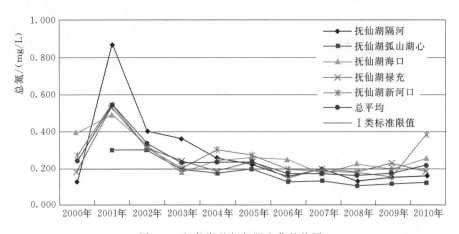

图 6.2　抚仙湖总氮年际变化趋势图

（3）氨氮。2000—2010 年氨氮浓度为 0.000～0.162mg/L，最大值出现在 2010 年抚仙湖的新河口站点，且超过 I 类标准限值，其余监测点均为 I 类（图 6.3）。

（4）高锰酸盐指数。2000—2010 年高锰酸盐指数浓度为 1.2～2.1mg/L，最大值出现在 2001 年抚仙湖的隔河站点，且超过 I 类标准限值，其余监测点均为 I 类，在 2005 年 5 个监测点均出现上升趋势，随后就呈缓慢下降趋势（图 6.4）。

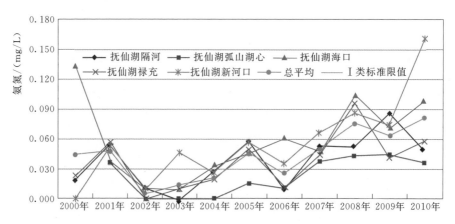

图 6.3　抚仙湖氨氮年际变化趋势图

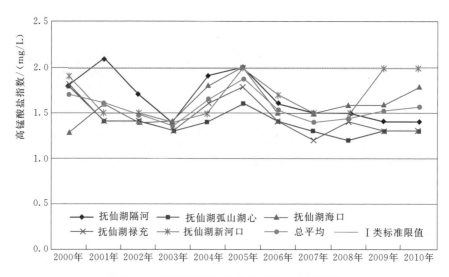

图 6.4　抚仙湖高锰酸盐指数年际变化趋势图

6.2.3　星云湖水质变化趋势

6.2.3.1　湖区水质总体变化趋势

采用 2000—2010 年星云湖 2 个监测断面的溶解氧、高锰酸盐指数、氨氮、总磷和总氮长系列监测资料进行星云湖水质变化趋势分析。

星云湖湖区水质变化上升趋势综合指数为 70%，大于水质变化下降趋势综合指数 10%，总体水质恶化趋势明显。5 项指标中，仅溶解氧有改善，其他指标均为恶化趋势（表 6.5 和表 6.6）。

6.2.3.2　水质主要影响指标近十年浓度变化

（1）总磷。2000—2010 年总磷浓度为 0.071～0.479mg/L，最大值出现在 2010 年星云湖海门桥站点，2 个监测点的总磷在 2003—2004 年出现一个明显的高峰值，2005 年后呈缓慢的下降趋势，2008 年后呈显著上升趋势（图 6.5）。

表 6.5　　　　　　　　2000—2010 年星云湖水质站趋势分析评价结果表

项目		溶解氧	氨氮	总氮	高锰酸盐指数	总磷
星云湖海门桥	变化率/%	0.47	11.64	2.17	5.06	8.83
	显著水平/%	66.52	0.00	27.78	0.00	0.39
	评价结论	无明显升降趋势	高度显著上升	无明显升降趋势	高度显著上升	高度显著上升
星云湖湖心	变化率/%	0.00	13.77	3.96	5.48	11.50
	显著水平/%	1.90	0.00	3.01	0.01	0.06
	评价结论	显著上升	高度显著上升	显著上升	高度显著上升	高度显著上升

表 6.6　　　　　　　　2000—2010 年星云湖水质变化趋势分析结果

项目	溶解氧	氨氮	总氮	高锰酸盐指数	总磷
上升趋势水质站数 NUP_m/个	1	2	1	2	2
下降趋势水质站数 NDN_m/个	0	0	0	0	0
无趋势水质站数 NNO_m/个	1	0	1	0	0
单项上升比例 TUP_m/%	50.0	100.0	50.0	100.0	100.0
单项下降比例 TDN_m/%	0	0	0	0	0
湖区单项水质变化特征	改善	恶化	恶化	恶化	恶化
$WQTI_{UP}$/%	70.0				
$WQTI_{DN}$/%	10.0				
湖区总体水质变化特征	恶化				

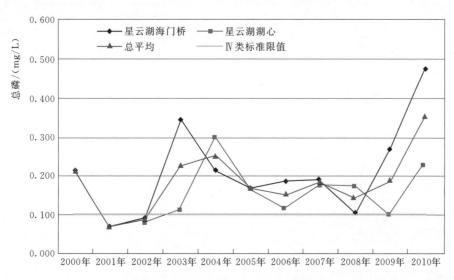

图 6.5　星云湖总磷年际变化趋势图

（2）总氮。2000—2010 年总氮浓度为 0.908～2.32mg/L，最大值出现在 2010 年星云湖海门桥站点，2 个监测点从 2000—2010 年呈缓慢上升趋势（图 6.6）。

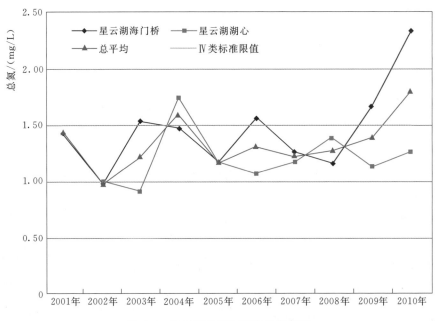

图 6.6　星云湖总氮年际变化趋势图

（3）氨氮。2000—2010 年氨氮浓度为 0.112～0.693mg/L，最大值出现在 2010 年星云湖海门桥站点，2 个监测点的氨氮从 2001 年起呈缓慢的上升趋势，至 2007 年下降，2008—2010 年呈显著上升趋势（图 6.7）。

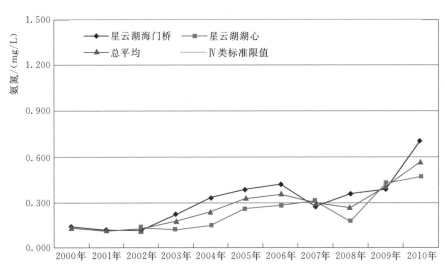

图 6.7　星云湖氨氮年际变化趋势图

（4）高锰酸盐指数。2000—2010 年高锰酸盐指数浓度为 5.4～11.4mg/L，最大值出现在 2010 年星云湖海门桥站点，2 个监测点的高锰酸盐指数从 2001 年起呈缓慢的上升趋势，至 2008 年后下降，2009—2010 年呈显著上升趋势（图 6.8）。

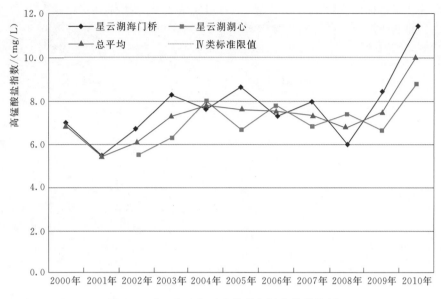

图 6.8　星云湖高锰酸盐指数年际变化趋势图

6.2.4　两湖营养状态变化趋势

湖泊营养状态评价采用指数法，评价项目为总磷、总氮、高锰酸盐指数、透明度、叶绿素 a 等 5 项，营养状态指数 EI 计算方法详见式（3.5），评价标准参见表 3.7。营养状态指数 $EI \leqslant 20$ 为贫营养；$20 < EI \leqslant 50$ 为中营养；$50 < EI \leqslant 60$ 为轻度富营养；$60 < EI \leqslant 80$ 为中度富营养；$80 < EI \leqslant 100$ 为重度富营养。

抚仙湖 5 个监测点年平均营养状态指数为 $25.8 \sim 43.4$，平均为 30.7，营养化状态指数值最高在 2000 年，最低出现在 2006 年。按照富营养状态评价标准，抚仙湖 2000—2010 年都为中营养状态，但 2004 年以后营养状态指数均未超过 30，营养状态指数趋于稳定下降的趋势，这与总磷、总氮两项指标的改善有明显关系，表明近十几年抚仙湖生态系统有所恢复。

星云湖 2 个监测点年平均营养状态指数为 $56.1 \sim 69.6$，平均为 61.4，营养状态指数值最高在 2010 年，最低出现在 2002 年。按照富营养状态评价标准，星云湖 2001 年、2002 年、2008 年为轻度富营养，其他年都为中度富营养。

2000—2010 年抚仙湖和星云湖营养化状态评价结果见表 6.7，营养指数年际变化趋势见图 6.9。

抚仙湖径流区内集中了澄江县、江川县大部分人口和企业，农业和磷化工业比较发达；早期山地开垦和磷矿开采引起森林植被的严重破坏，湖泊周边森林覆盖率低，石漠化和水土流失严重；湖滨平坝区高强度的农作，大量使用化肥农药，以及居民生活污水和垃圾污染，使径流区每年输入两湖大量的氮、磷污染物；两湖入湖河流水质均为Ⅳ～Ⅴ类，唯一天然出湖河流海口河却是Ⅰ类水质，抚仙湖容量大，理论换水周期长达 250 年，纳污吐清营养收支严重失衡，污染物滞留率特别高，大量的营养元素逐年积累，加快了湖泊富营养化发展进程；抚仙湖因湖泊水量大，自净能力相对大，水体营养化状态发展到中营养状态，星云湖湖体小、水位浅，水体营养化状态发展到轻度—中度富营养状态。

表 6.7　　　　　　　　　2000—2010 年抚仙湖和星云湖营养化状态评价结果表

监测年	抚 仙 湖		星 云 湖	
	EI 值	营养化状态	EI 值	营养化状态
2000 年	43.4	中营养	63.8	中度富营养
2001 年	34.7	中营养	56.9	轻度富营养
2002 年	32.7	中营养	56.1	轻度富营养
2003 年	29.0	中营养	62.7	中度富营养
2004 年	30.7	中营养	61.6	中度富营养
2005 年	29.1	中营养	60.0	中度富营养
2006 年	27.6	中营养	60.3	中度富营养
2007 年	29.1	中营养	62.2	中度富营养
2008 年	25.8	中营养	58.2	轻度富营养
2009 年	27.2	中营养	64.4	中度富营养
2010 年	28.2	中营养	69.6	中度富营养

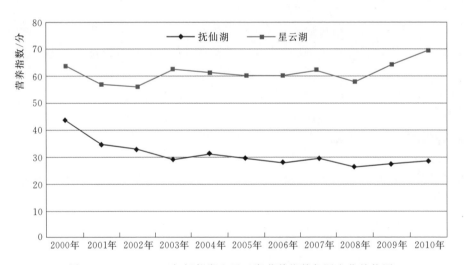

图 6.9　2000—2010 年抚仙湖和星云湖营养指数年际变化趋势图

第 7 章

研究区土地利用遥感技术分析

7.1 研究区土地利用遥感数据解译流程

针对遥感影像的解译工作，通常选择的技术流程是前期准备、影像处理、数据融合、室内预判、外业调绘和内业整理。

7.1.1 前期准备

土地利用现状调查工作是一项庞大而复杂的工作，为了确保调查研究按照技术规程要求的精度及速度完成，调查研究的成果符合生产、科研的要求，并与实地保持一致性，必须遵循土地利用现状调查技术规程的要求和土地调查工作的特点及规律，充分做好分析研究前准备是工作的基础保障。准备工作主要包括研究区遥感影像的准备、研究区相关资料的收集、软硬件的准备、交通工具的准备等。

7.1.2 影像处理

遥感成像时，由于各种因素的影响，使得遥感影像存在一定的几何畸变、大气消光、辐射量失真等现象。这些畸变和失真现象影响了影像的质量和应用，必须予以消除，这就是遥感影像的预处理。

7.1.3 数据融合

本次数据融合主要为全色影像数据与多光谱数据的融合。全色影像具有较高的空间分辨率，而多光谱图像可以更精细地描述目标光谱，全色影像与多光谱图像融合，既可以利用全色图像的高分辨率改善多光谱图像分辨率，又可以充分利用多光谱图像中特有的对目标某些独特特征的精细描述，使融合图像包含更丰富的信息。数据融合包括正射纠正和数据镶嵌。

（1）正射纠正。正射纠正是对图像空间和几何畸变进行校正生成多中心投影平面正射图像的处理过程。针对解译区域的地形特征，采取物理模型纠正的方式对融合后的遥感影像数据进行正射纠正。纠正时首先恢复影像的成像模型，然后利用数字高程模型来纠正投影差，利用现有的地形图对影像数据进行控制纠正，消除地形起伏引起的图像变形，最后得到正射纠正影像。

（2）数据镶嵌。当研究区超出单幅遥感图像所覆盖的范围时，通常需要将两幅或多幅图像拼接起来形成一幅或一系列覆盖全区的较大的图像。在进行图像的镶嵌时，需要确定一幅参考影像，参考图像将作为输出镶嵌图像的基准，决定镶嵌图像的对比度匹配，以及输出图像的像元大小和数据类型等。镶嵌得两幅或多幅图像选择相同或相近的成像时间，使得图像的色调保持一致。接边色调相差太大时，可以利用直方图均衡、色彩平滑等使得接边尽量一致，用于变化信息提取时，相邻影像的色调不允许平滑，避免信息变异。

7.1.4　室内判读

室内预判关键是根据相应的技术规范和分类标准建立一定的解译标志，也就是人机交互解译方式的重点问题所在。通常所用的解译标志包括直接解译标志和间接解译标志。直接解译标志包括形状、大小、阴影、色调、颜色、纹理、图型、位置等。解译者可以利用直接解译标志直观识别遥感影像上的目标地物或现象的性质、类型、状况。形状描述一个目标地物的外形与结构，任何物体都有一定的几何形状，根据影像上物体特有的形态可以判断和识别目标地物。大小是在二维空间上对目标物体尺寸或面积的测量，比较两个物体的相对大小有助于我们识别它们的性质。色调与颜色是地物波普在影像上的表现，采用不同波段和使用不同感光胶片，其色调反映的意义是不同的。阴影是影像上阳光被地物遮挡产生的影子，阴影在影像上表现为地物背光面形成的深色或黑色的色调。纹理是通过色调或颜色变化表现的细纹或细小的图案，这种细纹或细小的图案在某一确定的图像区域中以一定的规律重复出来。纹理可以揭示出目标地物的细部结构或内部细小的物体。图型是目标地物以一定规律排列而形成的图型结构，是一个综合性解译标志，由形状、大小、色调、纹理等影像特征组合而成的。位置指目标地物在空间分布的地点，目标地物的位置与它的环境密切相关，据此可以识别一些目标地物或现象。间接解译标志包括地形土壤、地貌、植被、气候、水系、相互依存关系等，通常需要充分考虑各种地理要素及其他要素的相互影响。

在土地利用现状分析研究中，对于地物的分类遵循《土地利用现状分类标准》（GB/T 21010—2007），从而使分类规范。

7.1.5　外业调绘

外业调绘是针对室内预判结果而进行的一项补充工作，在预判过程中，由于对于研究区的实地认识不够，以及影像自身的分辨率、变形、阴影、云层等问题，有些地物的归类不确定，目视解译过程中，林地与非林地之间比较容易解译，但有些未成林造林地、灌木林地、疏林地等地类，在影像图上的颜色、结构等特征与农地、荒山荒地、未利用地等地类差别太小，解译的标准较难掌握。另外，人为主观因素的影响较大，由于对影像特征认识和分析不充分，致使建立的解译标志在某些方面存在一定的不足，如相同类型在不同坡向上的差别，郁闭度、龄组等在色调、纹理上的具体反映，没有在目视解译标志表中完全定性地描述出来，从而造成判读这类因子时带有一定的随意性，所以需要实地考察验证。而对于归类确认的地物也应该本着科学严谨的态度，实地调研，确保分类结果精度。在外业调绘阶段，也要按照一定的程序和要求，注重各种现代工具设备的运用，从而保证工作高效有序进行。

7.1.5.1　外业调绘的基本方法

外业调查是对地面土地利用状况及相关地物的判读、描绘和记录的过程，是整个土地利用更新调查的基础。外业调查准确与否，将决定整个工作的质量，对今后的成果应用将产生重要影响。土地利用外业调查采用全野外调绘，要求对图斑实地走到、看清、问明、量实、记准、绘真。

外业调绘过程就是沿着调绘路线边走、边看、边想、边判、边画、边问、边量和边记的综合过程。这些动作配合得好，工作效率才能提高。调查的基本方法如下。

(1) 选好站立点。野外调绘时要有站立点，其作用是把判读确定的地物、地貌绘在像片上。站位好，就是站立点要选在易于判读、便于观察的地势较高的明显地物或地貌特征点上，这样可以保证前后调绘的衔接和避免调绘漏洞。

(2) 判准、绘清。

1) 判准。要判读准确，应随时了解站立点在像片上的位置，并采取边走、边对照、边判读的方法，并对判读出的地类、地物用相关的其他特征地物、地貌进行检查。特别是其他明显地物稀少的地区更应如此，否则稍一疏忽就可能找不到判读特征，甚至判错。

2) 绘清。判读出来的地物、地貌，经综合取舍后，要用铅笔细致、准确、清楚地绘在像片上。使用的铅笔要软硬适当，防止铅笔过硬用力过重划出沟痕。独立地物符号可稍绘大些，以免着墨时分不清。一般所有地物、地貌元素均应着铅勾绘，以免着墨时发生疑问或绘错，防止外业忽视综合取舍，室内凭像片影像着墨的倾向。

(3) 远看近判。

远看近判是调绘某些突出地物和某些隐蔽地物的一种辅助办法。所谓远看就是调绘时不但要调绘站立点附近的地物，而且要注意观察远处的地物，因为在远处看到的明显目标，往往是确定突出的第一类方位物的重要依据。同时远看易看出地物的总貌和轮廓，近判可以确定地物的准确位置，因此远看近判相结合有利于地物的综合取舍和描绘的准确性。某些地物近看隐蔽不易发现，而远看却很明显，因此远看近判的方法也有利于调绘这类地物。例如，前面村庄里有一突出房屋，远看目标很明显，但进村后由于房屋密集不一定能发现，或显得不那么明显，如果事先有了准备，到了村庄就能注意找出突出房屋的位置。

(4) 查清问明。调绘某些影像模糊不清和不易发现的隐蔽地物时，由于不了解当地情况，容易发生遗漏。因此调绘这类地物时要注意询问当地群众，了解这类地物及其分布位置，以便实地查找调绘。

7.1.5.2　外业调绘的基本原则

(1) 走到看到。走到是对外业调绘的首要要求，是做好调绘工作的先决条件，走不到就会看不到，必然会产生遗漏和差错。因此，对于像片上的每一个影像，都必须走到、看到、看清、测准、绘真。

(2) 真实准确。对画在像片上的每一个符号都必须在实地认真判读，做到位置准确、符号运用正确、地物形态逼真。

(3) 量准记实。地理名称要问清、问准；各种数字注记资料要实地量测、量准、反复核实，确保无误。

（4）调绘内容要从高级到低级，先高级地物、地类，有方位意义的先调，如线状地物、独立房，林地中的耕地、大片居民点中的耕地园地水域等。

（5）仔细着墨。着墨要认真、细致、不错不漏，符号大小和线条粗细要以图式为依据。

（6）坚持"三清"。即要做到：笔笔清、日日清、幅幅清。

（7）自我检查。对调绘成果要认真自我检查，做到不带问题上交。

7.1.5.3 外业调绘基本要求

尽量充分利用已有的土地调查资料，参考土地详查、变更调查和土地更新调查形成的土地调查基础图件，对影像进行解译，将未变化的各种界线、属性、注记等调查内容，依据影像直接转绘在调查底图上，并实地核实确认。

对已变化的调查内容，在实地依据影像调绘在调查底图上。当影像不清晰或实地地物与影像不一致时，应采用实地测量方法，将地物补测到调查底图上。

对有设计图、竣工图等相关资料的新增地物，可依据资料将新增地物的地类界限直接转绘在调查底图上，但必须实地核实范围是否正确。

7.1.5.4 外业调绘基本程序

（1）设计调绘路线。在外业实地调查核实前，首先要在室内设计好外业调绘路线。调绘路线以既要少走路又不至于漏掉要调绘的地物为原则，并做到走到、看到、问道、画到（四到）。

（2）确定站立点。为了提高调绘的质量和效率，首先要选好站立点，并确定站立点在图上的位置，按计划路线调绘，同时要向两侧铺开，尽量扩大调绘范围。

（3）核实、调查。实地核实、调查应采取"远看近判"的方法，将地类的界线、范围、属性等调查内容准确调绘在调查底图上。通过外业，依据实地现状，将内业解译或无法解译的内容，依据实地现状进行核实或调绘。对室内解译正确的予以确认；有错误的进行修正；对未解译的部分，根据实地情况调绘或补测在调查底图准确的位置上。同时，将调查的内容、属性标注在调查底图上。

（4）边走边调绘。根据调查设计的路线，在到达下一站立点途中，可依据影像边走、边看、边判、边记、边画，对室内预判的内容逐一核实、记载，在到达下一站立点后，再进行调绘。

（5）询问。在调查过程中应多向当地群众或向导询问，及时了解当地的土地利用的各种情况，主要用地类型、地名、工矿企业单位等情况，保证调查的准确性。

7.1.6 内业整理

内业整理是对预判结果以及野外调绘结果的整饰，是调查成果质量的保证，主要包括土地利用现状图的整饰和编绘。

（1）外业调绘成果整理。针对外业调绘结果，把判读区域影像资料与实际地物相比对，把有代表性的重点总结，进一步修改完善解译标志数据库，对于个别非代表性地物也要做到详细记录，从而保证整饰结果的准确性。

（2）矢量图的整饰、编绘。利用外业调查的成果，对前期计算机预处理的矢量数据进行地类界线、线状地物、属性等的修正。最终，数据结果都以实地调查为准。

矢量图整饰完成后，按照 1:10000 比例尺输出土地利用现状图及地形图。

7.1.7 遥感解译精度评价

精度主要是通过影像判读误差来表现的。计算影像判读误差的方法很多，本书采用抽样法和误差矩阵法进行精度评定。利用外业调查数据和解译结果建立误差矩阵来分析解译结果精度。

7.2 区域土地利用状况

7.2.1 遥感解译研究范围

对抚仙湖、星云湖周边区域进行土地利用状况调查分析，重点为水边线外延 1000m 范围内土地利用状况，采用 WordView-2 卫星遥感影像图，分辨率为 0.5m。研究区总面积为 733.56km²，占抚仙湖流域面积的 69.7%。其中，抚仙湖、星云湖湖区面积分别为 215.34km² 和 34.20km²，土地利用总面积为 484.02km²。

7.2.2 影像数据处理

对 WordView-2 影像数据较高空间分辨率的全色影像与较低空间分辨率的多光谱影像采用一定算法进行融合，完成后检查融合影像是否出现重影、模糊、错位等现象，检查影像纹理细节色彩，尽量保持原始数据的空间信息和光谱信息。在 1:10000 比例地形图上均匀选取纠正点（道路交汇处、河流交汇处），在纠正点区域网平差误差满足精度要求的基础上，结合 DEM 数据对遥感影像数据进行正射纠正。对正射纠正后的影像通过几何镶嵌、色调调整、去重叠等处理，拼接为统一的影像。镶嵌后的抚仙湖数据影像见图 7.1。

由于在实际情况中，水田与蔬菜、花卉等水浇地穿插种植，边界不好把握，且随年份推移种植类别多有变化，故在实际分类过程中将水浇地与水田并为一类，统称水浇地。对解译标志进行整理确认，确立相应的解译标志。抚仙湖、星云湖流域土地利用类型及解译标志见图 7.2。

对十类模糊点影像资料进行现场判读后确定地类，见图 7.3。模糊地类 1，在湖积平原上分布较广，现场对应实物为大棚，多种植蔬菜、花卉，将其归为水浇地；模糊地类 2，在湖四周山坡上分布广泛，现场对应实物为玉米，无灌溉设施，主要靠

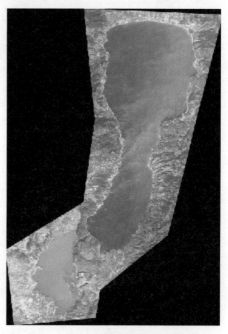

图 7.1　镶嵌后的抚仙湖数据影像

（a）公路   （b）农村道路

（c）渠线   （d）河流

（e）公路用地   （f）街巷用地

（g）坑塘水面   （h）水库水面

图 7.2（一）　抚仙湖、星云湖流域土地利用类型及解译标志

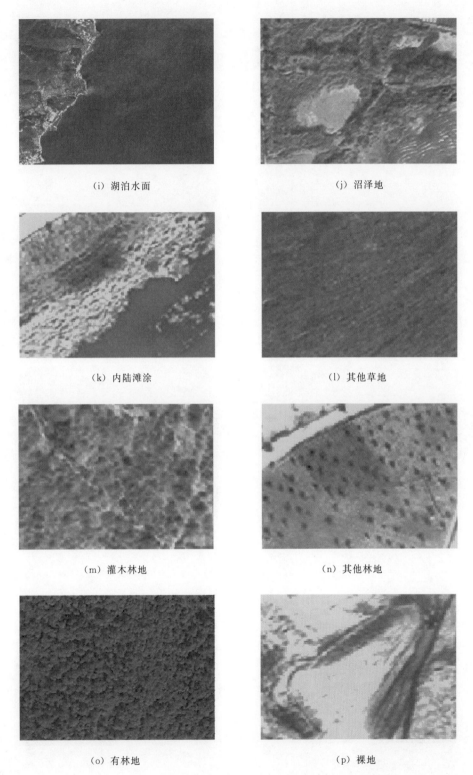

（i）湖泊水面　　　　　　　　　（j）沼泽地

（k）内陆滩涂　　　　　　　　　（l）其他草地

（m）灌木林地　　　　　　　　　（n）其他林地

（o）有林地　　　　　　　　　　（p）裸地

图 7.2（二）　抚仙湖、星云湖流域土地利用类型及解译标志

（q）采矿用地　　　　　　　　　　　（r）工业用地

（s）旱地　　　　　　　　　　　　　（t）水浇地

（u）果园　　　　　　　　　　　　　（v）科教用地

（w）风景名胜设施用地　　　　　　　（x）军事设施用地

图 7.2（三）　　抚仙湖、星云湖流域土地利用类型及解译标志

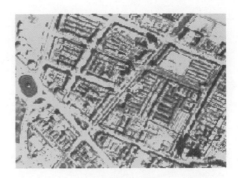

（y）农村住宅用地　　　　　　　　　（z）城镇住宅用地

图 7.2（四）　抚仙湖、星云湖流域土地利用类型及解译标志

模糊地类 1　　　　　　　　　　现场对应照片：花卉蔬菜

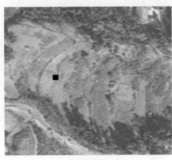

模糊地类 2　　　　　　　　　　现场对应照片：山地玉米

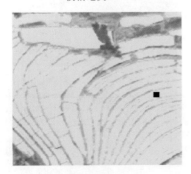

模糊地类 3　　　　　　　　　　现场对应照片：山地烟草

图 7.3（一）　研究区土地利用模糊地类及现场对应照片

模糊地类 4

现场对应照片：草地、林木

模糊地类 5

现场对应照片：湿生植物

模糊地类 6

现场对应照片：人工林木

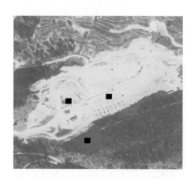

模糊地类 7

现场对应照片：楼房住宅

图 7.3（二） 研究区土地利用模糊地类及现场对应照片

模糊地类 8　　　　　　　　　　　现场对应照片：山坡灌木

模糊地类 9　　　　　　　　　　　现场对应照片：未成林地

模糊地类 10　　　　　　　　　　　现场对应照片：果园

图 7.3（三）　研究区土地利用模糊地类及现场对应照片

天然降水种植，将其归类为旱地；模糊地类 3，在湖四周山坡上分布广泛，现场对应实物为烟草，无灌溉设施，有的覆盖塑料薄膜保水，将其归类为旱地；模糊地类 4，分布在抚仙湖右上部黄泥湾，现场对应实物为未成林地和草地，将其归类为其他林地和其他草地；模糊地类 5，分布在湖滨地带，现场确认为湿地，将其归类为沼泽地；模糊地类 6，分布在抚仙湖环湖公路内侧，在实地规划中，环湖路内侧已退耕还林，现场对应实物为苗木，将其归类为其他林地；模糊地类 7，分布在湖边，现场对应实物为住宅区或酒店（建设中），根据国标和实际情况，将其归类为城镇住宅用地；模糊地类 8，广泛分布在湖周边山地上，现场对应实物为矮小的灌木，中间穿插分布有树木及草地，将其归类为灌木林地；模糊地类 9，分布在湖周边山地地带，现场对应实物多为未成林的桉树、松柏树，将其归类为其他林地；模糊地类 10，分布不广，现场对应实物为果树，将其归类为果园。

7.2.3　研究区土地利用概况

抚仙湖流域面积为 1053km²，其中，抚仙湖流域 675km²，星云湖流域 378km²。在本次调查中，抚仙湖、星云湖流域共统计面积为 733.56km²，占流域总面积的 69.7%。其中，抚仙湖、星云湖湖区面积分别为 215.34km²、34.20km²，土地利用总面积为 484.02km²。土地利用类型共分为道路交通用地、农村住宅用地、城镇住宅用地、采矿用地、工业用地、裸地、其他草地、灌木林地、其他林地、有林地、旱地、水浇地、坑塘水面、内陆滩涂、沼泽地、其他地类等 16 种。

有效植被覆盖（其他草地、灌木林地、其他林地、有林地）总面积为 210.66km²，约占土地利用总面积的 43.5%。其次为水浇地和旱地，面积为 111.14km² 和 104.56km²，分别约占 23.0% 和 21.6%。农村和城镇住宅用地面积为 30.29km²，约占土地利用总面积的 6.3%。研究区土地利用类型统计详见表 7.1，土地利用现状分布见图 7.4。

表 7.1　研究区土地利用类型统计

土地利用类型	统计面积/km²	所占比例/%	土地利用类型	统计面积/km²	所占比例/%
道路交通用地	2.44	0.50	有林地	125.69	25.97
农村住宅用地	22.08	4.56	旱地	104.56	21.60
城镇住宅用地	8.21	1.70	水浇地	111.13	22.96
采矿用地	1.86	0.39	坑塘水面	2.80	0.58
工业用地	6.66	1.38	内陆滩涂	1.09	0.23
裸地	9.19	1.90	沼泽地	1.32	0.27
其他草地	1.40	0.29	其他地类	2.02	0.42
灌木林地	59.07	12.20	合计	484.02	100.00
其他林地	24.50	5.06			

7.2.4　抚仙湖评估分区土地利用概况

对抚仙湖水边线延伸 5m、100m、200m、300m、500m 和 1000m 范围缓冲区区域土地利用类型按评估分区进行分区统计。

7.2.4.1　抚仙湖 5m 缓冲区土地利用情况

土地类型总面积为 0.4956km²，内陆滩涂面积最大，为 0.3144km²，占土地利用总面积的 63.44%。植被覆盖（其他草地、灌木林地、其他林地、有林地）总面积为 0.1314km²，占土地利用总面积的 26.51%。抚仙湖 5m 缓冲区土地利用类型统计详见表 7.2。

对应抚仙湖划分的 6 个评估区域，5m 缓冲区分区土地利用类型及所占比例详见表 7.3 和表 7.4。

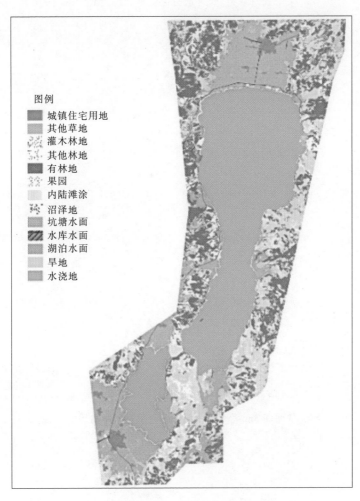

图例
- ■ 城镇住宅用地
- ■ 其他草地
- ▨ 灌木林地
- ▨ 其他林地
- ■ 有林地
- ▨ 果园
- □ 内陆滩涂
- ▨ 沼泽地
- ▨ 坑塘水面
- ▨ 水库水面
- ■ 湖泊水面
- □ 旱地
- ▨ 水浇地

图 7.4　研究区土地利用现状分布图

表 7.2　　　　　　　　　　　　抚仙湖 5m 缓冲区土地利用类型统计

土地利用类型	统计面积/km²	所占比例/%	土地利用类型	统计面积/km²	所占比例/%
道路交通用地	0.0002	0.04	有林地	0.0592	11.95
农村住宅用地	0.0071	1.43	旱地	0.0009	0.18
城镇住宅用地	0.0032	0.65	水浇地	0.0062	1.25
采矿用地	0.0000	0.00	坑塘水面	0.0024	0.49
工业用地	0.0004	0.08	内陆滩涂	0.3144	63.44
裸地	0.0000	0.00	沼泽地	0.0058	1.17
其他草地	0.0000	0.00	其他地类	0.0236	4.76
灌木林地	0.0077	1.55	合计	0.4956	100.00
其他林地	0.0645	13.01			

表 7.3　　　　　　　　　　抚仙湖 5m 缓冲区分区土地利用类型　　　　　　　　单位：km²

土地利用类型	C_I 区	C_{II} 区	C_{III} 区	C_{IV} 区	C_V 区	C_{VI} 区
道路交通用地	0.0000	0.0000	0.0002	0.0000	0.0000	0.0000
农村住宅用地	0.0004	0.0005	0.0017	0.0014	0.0002	0.0029
城镇住宅用地	0.0000	0.0000	0.0000	0.0003	0.0000	0.0029
采矿用地	0.0000	0.0000	0.0000	0.0000	0.0000	0.0000
工业用地	0.0004	0.0000	0.0000	0.0000	0.0000	0.0000
裸地	0.0000	0.0000	0.0000	0.0000	0.0000	0.0000
其他草地	0.0000	0.0000	0.0000	0.0000	0.0000	0.0000
灌木林地	0.0000	0.0002	0.0000	0.0004	0.0000	0.0071
其他林地	0.0048	0.0149	0.0031	0.0165	0.0234	0.0018
有林地	0.0004	0.0044	0.0025	0.0025	0.0482	0.0012
旱地	0.0000	0.0000	0.0000	0.0000	0.0006	0.0003
水浇地	0.0000	0.0000	0.0000	0.0009	0.0001	0.0052
坑塘水面	0.0005	0.0006	0.0000	0.0009	0.0004	0.0000
内陆滩涂	0.0529	0.0611	0.0440	0.1087	0.0215	0.0262
沼泽地	0.0005	0.0009	0.0005	0.0001	0.0000	0.0038
其他地类	0.0018	0.0071	0.0057	0.0003	0.0087	0.0000
合计	0.0617	0.0897	0.0577	0.1320	0.1031	0.0514

表 7.4　　　　　　　抚仙湖 5m 缓冲区分区土地利用类型所占比例　　　　　　　　%

土地利用类型	C_I 区	C_{II} 区	C_{III} 区	C_{IV} 区	C_V 区	C_{VI} 区
道路交通用地	0.00	0.00	0.35	0.00	0.00	0.00
农村住宅用地	0.65	0.56	2.94	1.06	0.19	5.64
城镇住宅用地	0.00	0.00	0.00	0.23	0.00	5.64
采矿用地	0.00	0.00	0.00	0.00	0.00	0.00
工业用地	0.65	0.00	0.00	0.00	0.00	0.00
裸地	0.00	0.00	0.00	0.00	0.00	0.00
其他草地	0.00	0.00	0.00	0.00	0.00	0.00
灌木林地	0.00	0.22	0.00	0.30	0.00	13.81
其他林地	7.78	16.61	5.37	12.50	22.70	3.50
有林地	0.65	4.90	4.33	1.89	46.75	2.34
旱地	0.00	0.00	0.00	0.00	0.58	0.59
水浇地	0.00	0.00	0.00	0.68	0.10	10.12
坑塘水面	0.81	0.67	0.00	0.68	0.39	0.00
内陆滩涂	85.73	68.12	76.26	82.35	20.85	50.97
沼泽地	0.81	1.00	0.87	0.08	0.00	7.39
其他地类	2.92	7.92	9.88	0.23	8.44	0.00

C_I 区：面积为 $0.0617km^2$，面积最大的为内陆滩涂，为 $0.0529km^2$，占该区总面积的 85.73%；植被覆盖面积为 $0.0052km^2$，占该区总面积的 8.43%。

C_{II} 区：面积为 $0.0897km^2$，面积最大的为内陆滩涂，为 $0.0611km^2$，占该区总面积的 68.12%；植被覆盖面积为 $0.0195km^2$，占该区总面积的 21.77%。

C_{III} 区：面积为 $0.0577km^2$，面积最大的为内陆滩涂，为 $0.0440km^2$，占该区总面积的 76.26%；植被覆盖面积为 $0.0056km^2$，占该区总面积的 9.70%。

C_{IV} 区：面积为 $0.1320km^2$，面积最大的为内陆滩涂，为 $0.1087km^2$，占该区总面积的 82.35%；植被覆盖面积为 $0.0194km^2$，占该区总面积的 14.69%。

C_V 区：面积为 $0.1031km^2$，面积最大的为植被覆盖面积，为 $0.0716km^2$，占该区总面积的 69.50%。

C_{VI} 区：面积为 $0.0514km^2$，面积最大的为内陆滩涂，为 $0.0262km^2$，占该区总面积的 50.97%；植被覆盖面积为 $0.0101km^2$，占该区总面积的 19.65%。

7.2.4.2　抚仙湖 100m 缓冲区土地利用情况

土地类型总面积为 $10.126km^2$，植被覆盖（其他草地、灌木林地、其他林地、有林地）最大，总面积为 $4.272km^2$，占土地利用总面积的 42.15%。抚仙湖 100m 缓冲区土地利用类型统计详见表 7.5，土地利用现状分布情况见图 7.5。

表 7.5　　　　　　　　　　　抚仙湖 100m 缓冲区土地利用类型统计

土地利用类型	统计面积/km²	所占比例/%	土地利用类型	统计面积/km²	所占比例/%
道路交通用地	0.235	2.32	有林地	0.749	7.40
农村住宅用地	0.832	8.22	旱地	0.484	4.78
城镇住宅用地	0.244	2.40	水浇地	1.369	13.52
采矿用地	0.004	0.04	坑塘水面	0.149	1.47
工业用地	0.038	0.38	内陆滩涂	0.851	8.40
裸地	0.055	0.54	沼泽地	0.151	1.25
其他草地	0.148	1.46	其他地类	1.443	14.26
灌木林地	0.821	8.11	合计	10.126	100.00
其他林地	2.554	25.22			

对应抚仙湖划分的 6 个评估区域，100m 缓冲区分区土地利用类型及其所占比例详见表 7.6 和表 7.7。

C_I 区：面积 $0.980km^2$，面积最大的为农村住宅面积，为 $0.237km^2$，占该区总面积的 24.18%；植被覆盖面积为 $0.060km^2$，占该区总面积的 6.12%。

C_{II} 区：面积为 $1.863km^2$，面积最大的为植被覆盖 $1.188km^2$，占该区总面积的 63.77%。

C_{III} 区：面积为 $1.380km^2$，面积最大的为植被覆盖 $0.481km^2$，占该区总面积的 34.85%。

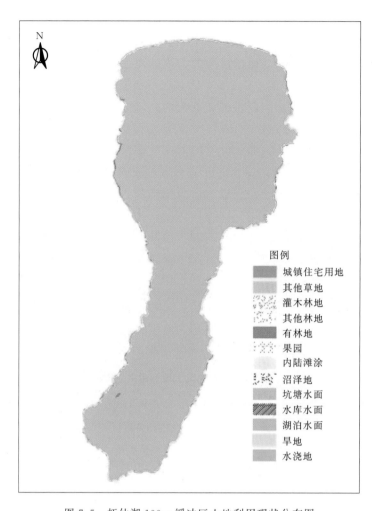

图例
城镇住宅用地
其他草地
灌木林地
其他林地
有林地
果园
内陆滩涂
沼泽地
坑塘水面
水库水面
湖泊水面
旱地
水浇地

图 7.5 抚仙湖 100m 缓冲区土地利用现状分布图

C_{IV} 区：面积为 $2.731km^2$，面积最大的为植被覆盖 $1.448km^2$，占该区总面积的 53.02%。

C_V 区：面积为 $1.138km^2$，面积最大的为植被覆盖 $0.643km^2$，占该区总面积的 56.51%。

C_{VI} 区：面积为 $2.034km^2$，面积最大的为其他地类，面积为 $0.981km^2$，占该区总面积的 48.23%。植被覆盖 $0.455km^2$，占该区总面积的 22.22%。

表 7.6 　　　　　　　　　抚仙湖 100m 缓冲区分区土地利用类型　　　　　　　　　单位：km^2

土地利用类型	C_I 区	C_{II} 区	C_{III} 区	C_{IV} 区	C_V 区	C_{VI} 区
道路交通用地	0.000	0.106	0.111	0.017	0.001	0.000
农村住宅用地	0.237	0.057	0.114	0.229	0.130	0.065
城镇住宅用地	0.009	0.071	0.003	0.116	0.026	0.018
采矿用地	0.000	0.000	0.000	0.004	0.000	0.000

土地利用类型	C_I 区	C_{II} 区	C_{III} 区	C_{IV} 区	C_V 区	C_{VI} 区
工业用地	0.019	0.016	0.000	0.003	0.000	0.000
裸地	0.010	0.034	0.005	0.004	0.002	0.000
其他草地	0.000	0.148	0.000	0.000	0.000	0.000
灌木林地	0.0005	0.181	0.029	0.160	0.105	0.345
其他林地	0.022	0.695	0.317	1.045	0.404	0.071
有林地	0.037	0.164	0.135	0.243	0.134	0.036
旱地	0.000	0.035	0.183	0.086	0.125	0.055
水浇地	0.194	0.109	0.135	0.525	0.064	0.342
坑塘水面	0.013	0.001	0.114	0.020	0.001	0.000
内陆滩涂	0.169	0.134	0.100	0.259	0.098	0.091
沼泽地	0.069	0.021	0.019	0.012	0.000	0.030
其他地类	0.200	0.091	0.115	0.008	0.048	0.981
合计	0.980	1.863	1.380	2.731	1.138	2.034

表 7.7　　　　　　　　　抚仙湖 100m 缓冲区分区土地利用类型所占比例　　　　　　　%

土地利用类型	C_I 区	C_{II} 区	C_{III} 区	C_{IV} 区	C_V 区	C_{VI} 区
道路交通用地	0.00	5.69	8.05	0.62	0.09	0.00
农村住宅用地	24.18	3.06	8.26	8.39	11.42	3.20
城镇住宅用地	0.92	3.81	0.22	4.25	2.28	0.89
采矿用地	0.00	0.00	0.00	0.15	0.00	0.00
工业用地	1.94	0.86	0.00	0.11	0.00	0.00
裸地	1.02	1.83	0.36	0.15	0.18	0.00
其他草地	0.00	7.94	0.00	0.00	0.00	0.00
灌木林地	0.10	9.72	2.10	5.86	9.23	16.96
其他林地	2.24	37.31	22.97	38.26	35.50	3.49
有林地	3.78	8.80	9.78	8.90	11.78	1.77
旱地	0.00	1.88	13.26	3.15	10.98	2.70
水浇地	19.80	5.85	9.78	19.22	5.62	16.81
坑塘水面	1.33	0.05	8.26	0.73	0.09	0.00
内陆滩涂	17.24	7.19	7.25	9.48	8.61	4.47
沼泽地	7.04	1.13	1.38	0.44	0.00	1.48
其他地类	20.41	4.88	8.33	0.29	4.22	48.23

7.2.4.3　抚仙湖 300m 缓冲区土地利用情况

　　土地类型总面积约为 28.00km²，植被覆盖（其他草地、灌木林地、其他林地、有林地）最大，总面积为 12.68km²，占土地利用总面积的 45.29%。水浇地面积仅次于植被覆盖面积，为 5.43km²，占土地利用总面积的 19.39%。抚仙湖 300m 缓冲区主要土地利用类型详见表 7.8，土地利用现状分布见图 7.6。

表 7.8　　　　　　　　　抚仙湖 300m 缓冲区主要土地利用类型

土地利用类型	统计面积/km²	所占比例/%	土地利用类型	统计面积/km²	所占比例/%
道路交通用地	0.53	1.89	有林地	3.42	12.21
农村住宅用地	2.91	10.39	旱地	3.42	12.21
城镇住宅用地	0.59	2.11	水浇地	5.43	19.39
采矿用地	0.01	0.04	坑塘水面	0.14	0.50
工业用地	0.18	0.64	内陆滩涂	0.87	3.11
裸地	0.42	1.50	沼泽地	0.19	0.68
其他草地	0.52	1.86	其他地类	0.63	2.25
灌木林地	3.44	12.29	合计	28.00	100.00
其他林地	5.30	18.93			

图 7.6　抚仙湖 300m 缓冲区土地利用现状分布图

对应抚仙湖划分的 6 个评估区域，300m 缓冲区分区土地利用类型及所占比例详见表 7.9 和表 7.10。

表 7.9　　　　　　　　　抚仙湖 300m 缓冲区分区土地利用类型　　　　　　　单位：km²

土地利用类型	C_I 区	C_{II} 区	C_{III} 区	C_{IV} 区	C_V 区	C_{VI} 区
道路交通用地	0.08	0.17	0.17	0.10	0.01	0.00
农村住宅用地	0.83	0.37	0.35	0.86	0.28	0.22
城镇住宅用地	0.04	0.24	0.08	0.17	0.04	0.02
采矿用地	0.00	0.00	0.00	0.00	0.01	0.00
工业用地	0.10	0.07	0.00	0.01	0.00	0.00
裸地	0.02	0.17	0.03	0.11	0.05	0.04
其他草地	0.00	0.51	0.00	0.00	0.01	0.00
灌木林地	0.04	0.73	0.22	0.61	0.63	1.21
其他林地	0.56	1.24	0.54	1.87	0.92	0.17
有林地	0.19	0.74	0.52	1.08	0.60	0.29
旱地	0.01	0.47	1.17	0.91	0.57	0.29
水浇地	1.19	0.65	0.62	2.00	0.11	0.86
坑塘水面	0.07	0.00	0.04	0.03	0.00	0.00
内陆滩涂	0.17	0.14	0.11	0.26	0.10	0.09
沼泽地	0.11	0.02	0.02	0.01	0.00	0.03
其他地类	0.32	0.10	0.12	0.02	0.06	0.01
合计	3.73	5.62	3.99	8.04	3.39	3.23

表 7.10　　　　　　　　抚仙湖 300m 缓冲区分区土地利用类型所占比例　　　　　　　　%

土地利用类型	C_I 区	C_{II} 区	C_{III} 区	C_{IV} 区	C_V 区	C_{VI} 区
道路交通用地	2.15	3.02	4.26	1.24	0.30	0.00
农村住宅用地	22.24	6.58	8.77	10.70	8.26	6.81
城镇住宅用地	1.07	4.27	2.01	2.12	1.18	0.62
采矿用地	0.00	0.00	0.00	0.00	0.30	0.00
工业用地	2.68	1.25	0.00	0.12	0.00	0.00
裸地	0.54	3.02	0.75	1.37	1.47	1.24
其他草地	0.00	9.08	0.00	0.00	0.30	0.00
灌木林地	1.07	12.99	5.51	7.59	18.58	37.46
其他林地	15.01	22.06	13.54	23.26	27.14	5.26
有林地	5.09	13.17	13.03	13.43	17.70	8.98
旱地	0.27	8.36	29.32	11.32	16.81	8.98
水浇地	31.90	11.57	15.54	24.88	3.24	26.62
坑塘水面	1.88	0.00	1.00	0.37	0.00	0.00
内陆滩涂	4.56	2.49	2.76	3.23	2.95	2.79
沼泽地	2.95	0.36	0.50	0.12	0.00	0.93
其他地类	8.58	1.78	3.01	0.25	1.77	0.31

C_I 区：面积为 3.73km²，面积最大的为水浇地 1.19km²，占该区总面积的 31.90%；植被覆盖面积为 0.79km²，占该区总面积的 21.17%。

C_{II} 区：面积为 5.62km²，面积最大的为植被覆盖 3.22km²，占该区总面积的 57.30%。

C_{III} 区：面积为 3.99km²，面积最大的为植被覆盖 1.28km²，占该区总面积的 32.08%；其次为旱地 1.17km²，占该区总面积的 29.32%。

C_{IV} 区：面积为 8.04km²，面积最大的为植被覆盖 3.56km²，占该区总面积的 44.28%；其次为水浇地 2.00km²，占该区总面积的 24.88%。

C_V 区：面积为 3.39km²，面积最大的为植被覆盖 2.16km²，占该区总面积的 63.72%。

C_{VI} 区：面积为 3.23km²，面积最大的为植被覆盖 1.67km²，占该区总面积的 51.70%；水浇地面积为 0.86km²，占该区总面积的 26.62%。

7.2.4.4　抚仙湖 500m 缓冲区土地利用情况

土地总面积约为 46.37km²，植被覆盖（其他草地、灌木林地、其他林地、有林地）最大，总面积为 20.08km²，占土地利用总面积的 43.31%。水浇地面积仅次于植被覆盖面积，为 9.47km²，占土地利用总面积的 20.42%。抚仙湖 500m 缓冲区土地利用类型详见表 7.11，土地利用现状分布见图 7.7。

表 7.11　　　　　　　　抚仙湖 500m 缓冲区主要土地利用类型

土地利用类型	统计面积/km²	所占比例/%	土地利用类型	统计面积/km²	所占比例/%
道路交通用地	0.90	1.94	有林地	7.13	15.38
农村住宅用地	3.95	8.52	旱地	7.70	16.60
城镇住宅用地	0.86	1.85	水浇地	9.47	20.42
采矿用地	0.01	0.02	坑塘水面	0.18	0.39
工业用地	0.26	0.56	内陆滩涂	0.93	2.01
裸地	1.07	2.31	沼泽地	0.19	0.41
其他草地	0.78	1.68	其他地类	0.77	1.66
灌木林地	6.13	13.22	合计	46.37	100.00
其他林地	6.04	13.03			

对应抚仙湖划分的 6 个评估区域，500m 缓冲区分区土地利用类型及所占比例见表 7.12 和表 7.13。

C_I 区：面积为 6.45km²，面积最大的为水浇地 2.64km²，占该区总面积的 40.93%；植被覆盖面积为 1.37km²，占该区总面积的 21.23%。

C_{II} 区：面积为 9.60km²，面积最大的为植被覆盖 5.00km²，占该区总面积的 52.08%。

C_{III} 区：面积为 6.67km²，面积最大的为旱地 2.33km²，占该区总面积的 34.93%；其次为植被覆盖 2.18km²，占该区总面积的 32.68%。

图 7.7　抚仙湖 500m 缓冲区土地利用现状分布图

C_{IV} 区：面积为 12.81km²，面积最大的为植被覆盖 5.29km²，占该区总面积的 41.30%；其次为水浇地 3.30km²，占该区总面积的 25.76%。

C_V 区：面积为 5.47km²，面积最大的为植被覆盖 3.48km²，占该区总面积的 63.61%。

C_{VI} 区：面积为 5.37km²，面积最大的为植被覆盖 2.76km²，占该区总面积的 51.40%；水浇地面积为 1.20km²，占该区总面积的 22.35%。

表 7.12　　　　　　　抚仙湖 500m 缓冲区分区土地利用类型　　　　　　单位：km²

土地利用类型	C_I 区	C_{II} 区	C_{III} 区	C_{IV} 区	C_V 区	C_{VI} 区
道路交通用地	0.32	0.23	0.21	0.13	0.01	0.00
农村住宅用地	1.01	0.54	0.50	1.26	0.31	0.33
城镇住宅用地	0.07	0.39	0.11	0.17	0.10	0.02
采矿用地	0.00	0.00	0.00	0.00	0.01	0.00

土地利用类型	C_I 区	C_{II} 区	C_{III} 区	C_{IV} 区	C_V 区	C_{VI} 区
工业用地	0.15	0.09	0.00	0.02	0.00	0.00
裸地	0.02	0.46	0.09	0.24	0.09	0.17
其他草地	0.00	0.73	0.03	0.01	0.01	0.00
灌木林地	0.07	1.16	0.42	1.30	1.22	1.96
其他林地	0.86	1.68	0.54	1.87	0.92	0.17
有林地	0.44	1.43	1.19	2.11	1.33	0.63
旱地	0.10	1.41	2.33	2.02	1.09	0.75
水浇地	2.64	1.17	0.95	3.30	0.21	1.20
坑塘水面	0.09	0.01	0.04	0.04	0.00	0.00
内陆滩涂	0.18	0.15	0.11	0.28	0.11	0.10
沼泽地	0.11	0.02	0.02	0.01	0.00	0.03
其他地类	0.39	0.13	0.13	0.05	0.06	0.01
合计	6.45	9.60	6.67	12.81	5.47	5.37

表 7.13　　　　　　　抚仙湖 500m 缓冲区分区土地利用类型所占比例　　　　　　　%

土地利用类型	C_I 区	C_{II} 区	C_{III} 区	C_{IV} 区	C_V 区	C_{VI} 区
道路交通用地	4.96	2.40	3.15	1.01	0.18	0.00
农村住宅用地	15.66	5.63	7.50	9.84	5.67	6.14
城镇住宅用地	1.08	4.06	1.65	1.33	1.83	0.37
采矿用地	0.00	0.00	0.00	0.00	0.18	0.00
工业用地	2.33	0.94	0.00	0.16	0.00	0.00
裸地	0.31	4.79	1.35	1.87	1.65	3.16
其他草地	0.00	7.60	0.45	0.08	0.18	0.00
灌木林地	1.08	12.08	6.30	10.15	22.30	36.50
其他林地	13.33	17.50	8.09	14.60	16.82	3.17
有林地	6.82	14.90	17.84	16.47	24.31	11.73
旱地	1.55	14.69	34.93	15.77	19.93	13.97
水浇地	40.93	12.19	14.24	25.76	3.84	22.35
坑塘水面	1.40	0.10	0.60	0.31	0.00	0.00
内陆滩涂	2.79	1.56	1.65	2.18	2.01	1.86
沼泽地	1.71	0.21	0.30	0.08	0.00	0.56
其他地类	6.05	1.35	1.95	0.39	1.10	0.19

7.2.4.5　抚仙湖 1000m 缓冲区土地利用情况

　　土地类型总面积约为 103.60km²，植被覆盖（其他草地、灌木林地、其他林地、有林地）最大，总面积为 48.38km²，占土地利用总面积的 46.70%；旱地面积仅次于植被覆盖面积，为 21.85km²，占土地利用总面积的 21.09%；水浇地占 19.12%。抚仙湖 1000m

缓冲区主要土地利用类型详见表 7.14，土地利用现状分布见图 7.8。

表 7.14　　　　　　　　抚仙湖 1000m 缓冲区主要土地利用类型

土地利用类型	统计面积/km²	所占比例/%	土地利用类型	统计面积/km²	所占比例/%
道路交通用地	1.29	1.24	有林地	20.40	19.69
农村住宅用地	5.82	5.62	旱地	21.85	21.09
城镇住宅用地	1.36	1.31	水浇地	19.81	19.12
采矿用地	0.07	0.07	坑塘水面	0.37	0.36
工业用地	0.40	0.39	内陆滩涂	1.05	1.01
裸地	2.02	1.95	沼泽地	0.19	0.18
其他草地	1.15	1.11	其他地类	0.99	0.96
灌木林地	13.85	13.37	合计	103.60	100.00
其他林地	12.98	12.53			

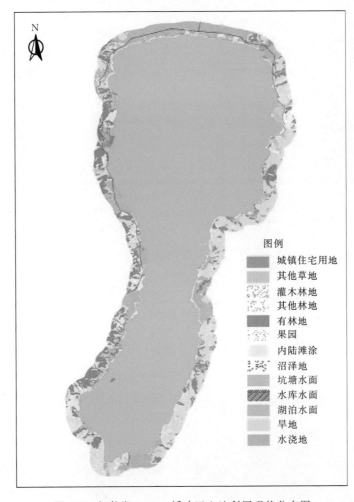

图 7.8　抚仙湖 1000m 缓冲区土地利用现状分布图

对应抚仙湖划分的 6 个评估区域，1000m 缓冲区分区土地利用类型及所占比例见表 7.15 和表 7.16。

表 7.15　　　　　　　抚仙湖 1000m 缓冲区分区土地利用类型　　　　　　　单位：km²

土地利用类型	C_I 区	C_{II} 区	C_{III} 区	C_{IV} 区	C_V 区	C_{VI} 区
道路交通用地	0.41	0.42	0.25	0.18	0.03	0.00
农村住宅用地	1.62	0.96	0.72	1.50	0.45	0.57
城镇住宅用地	0.22	0.55	0.22	0.23	0.12	0.02
采矿用地	0.00	0.06	0.00	0.00	0.01	0.00
工业用地	0.20	0.17	0.00	0.02	0.01	0.00
裸地	0.06	0.90	0.20	0.44	0.13	0.29
其他草地	0.00	0.87	0.26	0.01	0.01	0.00
灌木林地	0.12	2.00	1.27	3.12	3.03	4.31
其他林地	1.25	2.93	1.42	3.72	2.40	1.26
有林地	1.16	4.62	3.81	5.98	3.50	1.33
旱地	1.10	4.41	5.21	5.97	2.97	2.19
水浇地	7.23	2.42	1.74	5.34	0.82	2.26
坑塘水面	0.11	0.08	0.08	0.08	0.02	0.00
内陆滩涂	0.20	0.19	0.12	0.31	0.13	0.10
沼泽地	0.11	0.02	0.02	0.01	0.00	0.03
其他地类	0.40	0.30	0.15	0.07	0.06	0.01
合计	14.19	20.90	15.47	26.98	13.69	12.37

表 7.16　　　　　　抚仙湖 1000m 缓冲区分区土地利用类型所占比例　　　　　　%

土地利用类型	C_I 区	C_{II} 区	C_{III} 区	C_{IV} 区	C_V 区	C_{VI} 区
道路交通用地	2.89	2.01	1.62	0.67	0.22	0.00
农村住宅用地	11.42	4.59	4.65	5.56	3.29	4.61
城镇住宅用地	1.55	2.63	1.42	0.85	0.88	0.16
采矿用地	0.00	0.29	0.00	0.00	0.07	0.00
工业用地	1.41	0.81	0.00	0.07	0.07	0.00
裸地	0.42	4.31	1.29	1.63	0.95	2.35
其他草地	0.00	4.16	1.68	0.04	0.07	0.00
灌木林地	0.84	9.57	8.21	11.56	22.13	34.84
其他林地	8.81	14.02	9.18	13.79	17.53	10.19
有林地	8.17	22.10	24.63	22.16	25.57	10.75
旱地	7.75	21.10	33.68	22.13	21.69	17.70
水浇地	50.95	11.58	11.25	19.79	5.99	18.27
坑塘水面	0.78	0.38	0.52	0.30	0.15	0.00
内陆滩涂	1.41	0.91	0.77	1.15	0.95	0.81
沼泽地	0.78	0.10	0.13	0.04	0.00	0.24
其他地类	2.82	1.44	0.97	0.26	0.44	0.08

C_I区：面积为 14.19km²，面积最大的为水浇地 7.23km²，占该区总面积的 50.95%；植被覆盖面积为 2.53km²，占该区总面积的 17.82%。

C_{II}区面积为 20.90km²，面积最大的为植被覆盖 10.42km²，占该区总面积的 49.85%；其次为旱地 4.41km²，占该区总面积的 21.10%。

C_{III}区面积为 15.47km²，面积最大的为植被覆盖 6.76km²，占该区总面积的 43.70%；其次为旱地 5.21km²，占该区总面积的 33.68%。

C_{IV}区面积为 26.98km²，面积最大的为植被覆盖 12.83km²，占该区总面积的 47.55%；其次为旱地 5.97km²，占该区总面积的 22.13%。

C_V区面积为 13.69km²，面积最大的为植被覆盖 8.94km²，占该区总面积的 65.30%；其次为旱地 2.97km²，占该区总面积的 21.69%。

C_{VI}区：面积为 12.37km²，面积最大的为植被覆盖 6.90km²，占该区总面积的 55.78%；其次为水浇地 2.26km²，占该区总面积的 18.27%。

7.2.5 星云湖评估分区土地利用概况

对星云湖水边线延伸 5m、100m、200m、300m、500m 和 1000m 范围缓冲区区域土地利用类型按评估分区进行分区统计。

7.2.5.1 星云湖 5m 缓冲区土地利用情况

土地总面积约为 0.1838km²，植被覆盖只有其他林地，面积约为 0.0111km²，占土地利用总面积的 6.04%；面积最大的为沼泽地 0.0848km²，占土地利用总面积的 46.14%；内陆滩涂面积仅次于沼泽地，为 0.0744km²，占土地利用总面积的 40.48%。星云湖 5m 缓冲区主要土地利用类型详见表 7.17。

表 7.17　　　　　　　　　　　星云湖 5m 缓冲区主要土地利用类型

土地利用类型	统计面积/km²	所占比例/%	土地利用类型	统计面积/km²	所占比例/%
道路交通用地	0.0004	0.22	有林地	0.0000	0.00
农村住宅用地	0.0008	0.44	旱地	0.0000	0.00
城镇住宅用地	0.0000	0.00	水浇地	0.0089	4.84
采矿用地	0.0000	0.00	坑塘水面	0.0005	0.27
工业用地	0.0014	0.76	内陆滩涂	0.0744	40.48
裸地	0.0000	0.00	沼泽地	0.0848	46.14
其他草地	0.0000	0.00	其他地类	0.0015	0.82
灌木林地	0.0000	0.00	合计	0.1838	100.00
其他林地	0.0111	6.04			

对应星云湖划分的 4 个评估区域，5m 缓冲区分区土地利用类型和所占比例详见表 7.18 和表 7.19。

表 7.18　　　　　　　　　　星云湖 5m 缓冲区分区土地利用类型　　　　　　　单位：km²

土地利用类型	D_I 区	D_{II} 区	D_{III} 区	D_{IV} 区
道路交通用地	0.0001	0.0003	0.0000	0.0000
农村住宅用地	0.0005	0.0003	0.0000	0.0000
城镇住宅用地	0.0000	0.0000	0.0000	0.0000
采矿用地	0.0000	0.0000	0.0000	0.0000
工业用地	0.0000	0.0000	0.0014	0.0000
裸地	0.0000	0.0000	0.0000	0.0000
其他草地	0.0000	0.0000	0.0000	0.0000
灌木林地	0.0000	0.0000	0.0000	0.0000
其他林地	0.0078	0.0001	0.0000	0.0032
有林地	0.0000	0.0000	0.0000	0.0000
旱地	0.0000	0.0000	0.0000	0.0000
水浇地	0.0016	0.0048	0.0018	0.0007
坑塘水面	0.0000	0.0000	0.0003	0.0002
内陆滩涂	0.0130	0.0313	0.0169	0.0132
沼泽地	0.0201	0.0151	0.0221	0.0275
其他地类	0.0000	0.0000	0.0000	0.0015
合计	0.0431	0.0519	0.0425	0.0463

表 7.19　　　　　　　　星云湖 5m 缓冲区分区土地利用类型所占比例　　　　　　　　%

土地利用类型	D_I 区	D_{II} 区	D_{III} 区	D_{IV} 区
道路交通用地	0.23	0.58	0.00	0.00
农村住宅用地	1.16	0.58	0.00	0.00
城镇住宅用地	0.00	0.00	0.00	0.00
采矿用地	0.00	0.00	0.00	0.00
工业用地	0.00	0.00	3.29	0.00
裸地	0.00	0.00	0.00	0.00
其他草地	0.00	0.00	0.00	0.00
灌木林地	0.00	0.00	0.00	0.00
其他林地	18.10	0.19	0.00	6.91
有林地	0.00	0.00	0.00	0.00
旱地	0.00	0.00	0.00	0.00
水浇地	3.71	9.25	4.24	1.51
坑塘水面	0.00	0.00	0.71	0.43
内陆滩涂	30.16	60.31	39.76	28.51
沼泽地	46.64	29.09	52.00	59.40
其他地类	0.00	0.00	0.00	3.24

D_{I} 区：面积为 0.0431km²，面积最大的为沼泽地 0.0201km²，占该区总面积的 46.64%；植被覆盖面积为 0.0078km²，占该区总面积的 18.10%。

D_{II} 区：面积为 0.0519km²，面积最大的为内陆滩涂 0.0313km²，占该区总面积的 60.31%；植被覆盖仅 0.0001km²，占该区总面积的 0.19%。

D_{III} 区：面积为 0.0425km²，面积最大的为沼泽地 0.0221km²，占该区总面积的 52.00%；其次为内陆滩涂 0.0169km²，占该区总面积的 39.76%；D_{III} 区的植被覆盖率为 0。

D_{IV} 区：面积为 0.0463km²，面积最大的为沼泽地 0.0275km²，占该区总面积的 59.40%；其次为内陆滩涂 0.0132km²，占该区总面积的 28.51%；植被覆盖面积约为 0.0032km²，占该区总面积的 6.91%。

7.2.5.2 星云湖 100m 缓冲区土地利用情况

土地类型总面积约为 3.796km²，面积最大的为水浇地 1.953km²，占土地利用总面积的 51.45%；植被（灌木林地、其他林地、有林地）覆盖面积约为 0.266km²，占土地利用总面积的 7.00%；沼泽地面积为 0.961km²，约占 25.32%。星云湖 100m 缓冲区土地利用类型详见表 7.20，土地利用现状分布见图 7.9。

表 7.20　星云湖 100m 缓冲区土地利用类型

土地利用类型	统计面积/km²	所占比例/%	土地利用类型	统计面积/km²	所占比例/%
道路交通用地	0.104	2.74	有林地	0.090	2.37
农村住宅用地	0.127	3.08	旱地	0.000	0.00
城镇住宅用地	0.000	0.00	水浇地	1.953	51.45
采矿用地	0.000	0.00	坑塘水面	0.154	4.06
工业用地	0.031	0.82	内陆滩涂	0.198	5.21
裸地	0.000	0.00	沼泽地	0.961	25.32
其他草地	0.000	0.00	其他地类	0.012	0.32
灌木林地	0.101	2.66	合计	3.796	100.00
其他林地	0.075	1.97			

对应星云湖划分的 4 个评估区域，100m 缓冲区分区土地利用类型和所占比例见表 7.21 和表 7.22。

D_{I} 区：面积为 0.934km²，面积最大的为水浇地 0.424km²，占该区总面积的 45.40%；植被覆盖面积为 0.141km²，占该区总面积的 15.09%。

D_{II} 区：面积为 1.032km²，面积最大的为水浇地 0.641km²，占该区总面积的 62.11%；植被覆盖仅 0.073km²，占该区总面积的 7.08%。

D_{III} 区：面积为 0.909km²，面积最大的为水浇地 0.465km²，占该区总面积的 51.16%；其次为沼泽地 0.262km²，占该区总面积的 28.82%；D_{III} 区的植被覆盖面积为 0.015km²，仅占 1.65%。

D_{IV} 区：面积为 0.921km²，面积最大的为水浇地 0.423km²，占该区总面积的 45.93%；其次为沼泽地 0.345km²，占该区总面积的 37.46%；植被覆盖面积约为 0.037km²，占该区总面积的 4.01%。

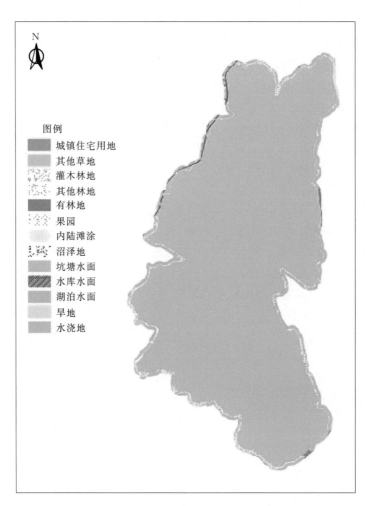

图例
- 城镇住宅用地
- 其他草地
- 灌木林地
- 其他林地
- 有林地
- 果园
- 内陆滩涂
- 沼泽地
- 坑塘水面
- 水库水面
- 湖泊水面
- 旱地
- 水浇地

图 7.9　星云湖 100m 缓冲区土地利用现状分布图

表 7.21　　　　　　　　　星云湖 100m 缓冲区分区土地利用类型　　　　　单位：km²

土地利用类型	D_I 区	D_{II} 区	D_{III} 区	D_{IV} 区
道路交通用地	0.050	0.054	0.000	0.000
农村住宅用地	0.042	0.042	0.003	0.030
城镇住宅用地	0.000	0.000	0.000	0.000
采矿用地	0.000	0.000	0.000	0.000
工业用地	0.002	0.002	0.027	0.000
裸地	0.000	0.000	0.000	0.000
其他草地	0.000	0.000	0.000	0.000
灌木林地	0.078	0.023	0.000	0.000
其他林地	0.040	0.004	0.015	0.016

土地利用类型	D_I 区	D_{II} 区	D_{III} 区	D_{IV} 区
有林地	0.023	0.046	0.000	0.021
旱地	0.000	0.000	0.000	0.000
水浇地	0.424	0.641	0.465	0.423
坑塘水面	0.013	0.042	0.069	0.030
内陆滩涂	0.030	0.056	0.068	0.044
沼泽地	0.232	0.122	0.262	0.345
其他地类	0.000	0.000	0.000	0.012
合计	0.934	1.032	0.909	0.921

表 7.22　　　　　　　　　星云湖 100m 缓冲区分区土地利用类型所占比例　　　　　　　　　%

土地利用类型	D_I 区	D_{II} 区	D_{III} 区	D_{IV} 区
道路交通用地	5.35	5.23	0.00	0.00
农村住宅用地	4.50	4.07	0.33	3.26
城镇住宅用地	0.00	0.00	0.00	0.00
采矿用地	0.00	0.00	0.00	0.00
工业用地	0.22	0.19	2.97	0.00
裸地	0.00	0.00	0.00	0.00
其他草地	0.00	0.00	0.00	0.00
灌木林地	8.35	2.23	0.00	0.00
其他林地	4.28	0.39	1.65	1.73
有林地	2.46	4.46	0.00	2.28
旱地	0.00	0.00	0.00	0.00
水浇地	45.40	62.11	51.16	45.93
坑塘水面	1.39	4.07	7.59	3.26
内陆滩涂	3.21	5.43	7.48	4.78
沼泽地	24.84	11.82	28.82	37.46
其他地类	0.00	0.00	0.00	1.30

7.2.5.3 星云湖 300m 缓冲区土地利用情况

土地类型总面积约为 11.53km²，面积最大的为水浇地 7.11km²，占土地利用总面积的 61.67％。植被覆盖（灌木林地、其他林地、有林地）面积约为 1.59km²，占土地利用总面积的 13.79％。沼泽地面积为 1.20km²，约占 10.41％。星云湖 300m 缓冲区土地利用类型见表 7.23，土地利用现状分布见图 7.10。

表 7.23　　　　　　　　　　　　　星云湖 300m 缓冲区土地利用类型

土地利用类型	统计面积/km²	所占比例/%	土地利用类型	统计面积/km²	所占比例/%
道路交通用地	0.16	1.39	有林地	0.56	4.86
农村住宅用地	0.57	4.94	旱地	0.21	1.82
城镇住宅用地	0.02	0.17	水浇地	7.11	61.67
采矿用地	0.00	0.00	坑塘水面	0.29	2.51
工业用地	0.08	0.69	内陆滩涂	0.22	1.91
裸地	0.07	0.61	沼泽地	1.20	10.41
其他草地	0.00	0.00	其他地类	0.01	0.09
灌木林地	0.83	7.20	合　计	11.53	100.00
其他林地	0.20	1.73			

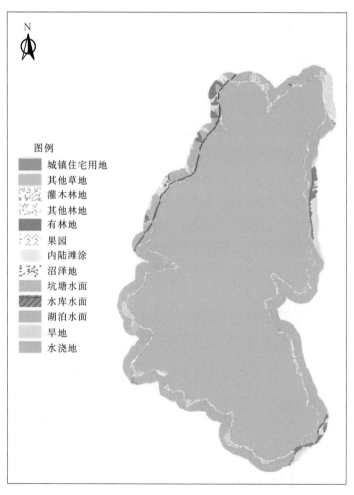

图 7.10　星云湖 300m 缓冲区土地利用现状分布图

对应星云湖划分的 4 个评估区域，300m 缓冲区分区土地利用类型和所占比例详见表 7.24 和表 7.25。

表 7.24　　　　　　　　　　星云湖 300m 缓冲区分区土地利用类型　　　　　单位：km²

土地利用类型	D_I 区	D_{II} 区	D_{III} 区	D_{IV} 区
道路交通用地	0.07	0.08	0.01	0.00
农村住宅用地	0.19	0.15	0.11	0.12
城镇住宅用地	0.00	0.00	0.02	0.00
采矿用地	0.00	0.00	0.00	0.00
工业用地	0.00	0.01	0.07	0.00
裸地	0.00	0.03	0.00	0.04
其他草地	0.00	0.00	0.00	0.00
灌木林地	0.40	0.36	0.00	0.07
其他林地	0.11	0.05	0.02	0.02
有林地	0.21	0.22	0.00	0.13
旱地	0.05	0.12	0.00	0.04
水浇地	1.40	1.79	1.98	1.94
坑塘水面	0.02	0.08	0.14	0.05
内陆滩涂	0.03	0.06	0.08	0.05
沼泽地	0.31	0.14	0.35	0.40
其他地类	0.00	0.00	0.00	0.01
合计	2.79	3.09	2.78	2.87

表 7.25　　　　　　　　星云湖 300m 缓冲区分区土地利用类型所占比例　　　　　　　　%

土地利用类型	D_I 区	D_{II} 区	D_{III} 区	D_{IV} 区
道路交通用地	2.51	2.59	0.36	0.00
农村住宅用地	6.81	4.86	3.96	4.18
城镇住宅用地	0.00	0.00	0.72	0.00
采矿用地	0.00	0.00	0.00	0.00
工业用地	0.00	0.32	2.52	0.00
裸地	0.00	0.97	0.00	1.39
其他草地	0.00	0.00	0.00	0.00
灌木林地	14.34	11.65	0.00	2.44
其他林地	3.94	1.62	0.72	0.70
有林地	7.53	7.12	0.00	4.53
旱地	1.79	3.88	0.00	1.39
水浇地	50.18	57.93	71.22	67.60
坑塘水面	0.72	2.59	5.03	1.74
内陆滩涂	1.07	1.94	2.88	1.74
沼泽地	11.11	4.53	12.59	13.94
其他地类	0.00	0.00	0.00	0.35

D_I 区：面积为 2.79km²，面积最大的为水浇地 1.40km²，占该区总面积的 50.18%；植被覆盖面积为 0.72km²，占该区总面积的 25.81%。

D_{II} 区：面积为 3.09km²，面积最大的为水浇地 1.79km²，占该区总面积的 57.93%；植被覆盖为 0.63km²，占该区总面积的 20.39%。

D_{III} 区：面积为 2.78km²，面积最大的为水浇地 1.98km²，占该区总面积的 71.22%；植被覆盖面积仅为 0.02km²，仅占该区总面积的 0.72%。

D_{IV} 区：面积为 2.87km²，面积最大的为水浇地 1.94km²，占该区总面积的 67.60%；植被覆盖面积约为 0.22km²，占该区总面积的 7.67%。

7.2.5.4　星云湖 500m 缓冲区土地利用情况

土地类型总面积约为 19.54km²，面积最大的为水浇地 11.46km²，占土地利用总面积的 58.65%；植被覆盖（灌木林地、其他林地、有林地）面积约为 3.18km²，占土地利用总面积的 16.27%。星云湖 500m 缓冲区土地利用类型详见表 7.26，土地利用现状分布见图 7.11。

表 7.26　　　　　　　　　星云湖 500m 缓冲区土地利用类型

土地利用类型	统计面积/km²	所占比例/%	土地利用类型	统计面积/km²	所占比例/%
道路交通用地	0.19	0.97	有林地	1.46	7.47
农村住宅用地	1.53	7.83	旱地	0.70	3.58
城镇住宅用地	0.07	0.36	水浇地	11.46	58.65
采矿用地	0.00	0.00	坑塘水面	0.37	1.89
工业用地	0.13	0.67	内陆滩涂	0.25	1.28
裸地	0.31	1.59	沼泽地	1.27	6.50
其他草地	0.00	0.00	其他地类	0.08	0.41
灌木林地	1.52	7.78	合计	19.54	100.00
其他林地	0.20	1.02			

对应星云湖划分的 4 个评估区域，500m 缓冲区分区土地利用类型和所占比例详见表 7.27 和表 7.28。

D_I 区：面积为 4.69km²，面积最大的为水浇地 2.08km²，占该区总面积的 44.35%；植被覆盖面积为 1.46km²，占该区总面积的 31.12%。

D_{II} 区：面积为 5.16km²，面积最大的为水浇地 2.54km²，占该区总面积的 49.23%；植被覆盖为 1.19km²，占该区总面积的 23.06%。

D_{III} 区：面积为 4.64km²，面积最大的为水浇地 3.40km²，占该区总面积的 73.28%；植被覆盖面积仅为 0.02km²，仅占该区总面积的 0.43%。

D_{IV} 区：面积为 5.05km²，面积最大的为水浇地 3.44km²，占该区总面积的 68.12%；植被覆盖面积为 0.51km²，占该区总面积的 10.10%。

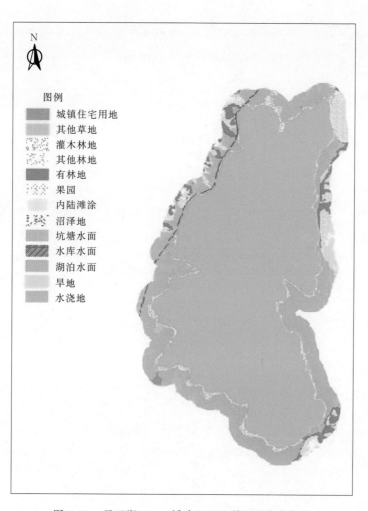

图 7.11　星云湖 500m 缓冲区土地利用现状分布图

表 7.27　　　　　　　　　　　星云湖 500m 缓冲区分区土地利用类型　　　　　　　　　　单位：km²

土地利用类型	D_I 区	D_{II} 区	D_{III} 区	D_{IV} 区
道路交通用地	0.08	0.09	0.02	0.00
农村住宅用地	0.37	0.39	0.43	0.34
城镇住宅用地	0.00	0.00	0.07	0.00
采矿用地	0.00	0.00	0.00	0.00
工业用地	0.02	0.02	0.08	0.01
裸地	0.05	0.11	0.00	0.15
其他草地	0.00	0.00	0.00	0.00
灌木林地	0.76	0.61	0.00	0.15
其他林地	0.11	0.05	0.02	0.02

续表

土地利用类型	D_I 区	D_{II} 区	D_{III} 区	D_{IV} 区
有林地	0.59	0.53	0.00	0.34
旱地	0.15	0.46	0.00	0.09
水浇地	2.08	2.54	3.40	3.44
坑塘水面	0.03	0.15	0.14	0.05
内陆滩涂	0.04	0.07	0.09	0.05
沼泽地	0.34	0.14	0.39	0.40
其他地类	0.07	0.00	0.00	0.01
合计	4.69	5.16	4.64	5.05

表 7.28　　　　　　　　　星云湖 500m 缓冲区分区土地利用类型所占比例　　　　　　　　　%

土地利用类型	D_I 区	D_{II} 区	D_{III} 区	D_{IV} 区
道路交通用地	1.71	1.74	0.43	0.00
农村住宅用地	7.89	7.56	9.27	6.73
城镇住宅用地	0.00	0.00	1.51	0.00
采矿用地	0.00	0.00	0.00	0.00
工业用地	0.43	0.39	1.72	0.20
裸地	1.07	2.13	0.00	2.97
其他草地	0.00	0.00	0.00	0.00
灌木林地	16.20	11.82	0.00	2.97
其他林地	2.34	0.97	0.43	0.40
有林地	12.58	10.27	0.00	6.73
旱地	3.20	8.91	0.00	1.78
水浇地	44.35	49.23	73.28	68.12
坑塘水面	0.64	2.91	3.02	0.99
内陆滩涂	0.85	1.36	1.94	0.99
沼泽地	7.25	2.71	8.40	7.92
其他地类	1.49	0.00	0.00	0.20

7.2.5.5　星云湖 1000m 缓冲区土地利用情况

星云湖缓冲区 1000m 总面积为 43.32km²，面积最大的为水浇地 23.03km²，占土地利用总面积的 53.16%；植被覆盖（灌木林地、其他林地、有林地）面积为 9.95km²，占土地利用总面积的 22.97%。星云湖 1000m 缓冲区土地利用类型详见表 7.29，土地利用现状分布见图 7.12。

表 7.29   星云湖 1000m 缓冲区土地利用类型

土地利用类型	统计面积/km²	所占比例/%	土地利用类型	统计面积/km²	所占比例/%
道路交通用地	0.30	0.69	有林地	3.87	8.93
农村住宅用地	3.57	8.24	旱地	3.08	7.11
城镇住宅用地	0.10	0.23	水浇地	23.03	53.16
采矿用地	0.02	0.05	坑塘水面	0.73	1.69
工业用地	0.24	0.55	内陆滩涂	0.19	0.44
裸地	0.81	1.87	沼泽地	0.98	2.26
其他草地	0.00	0.00	其他地类	0.32	0.74
灌木林地	4.83	11.15	合计	43.32	100.00
其他林地	1.25	2.89			

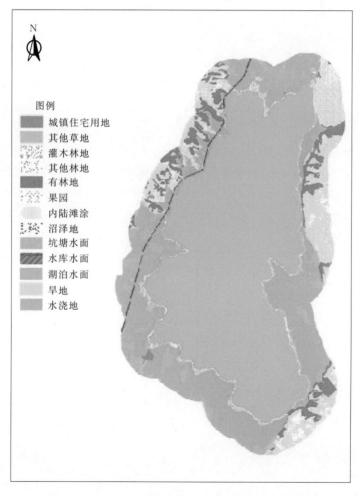

图 7.12   星云湖 1000m 缓冲区土地利用现状分布图

对应星云湖划分的 4 个评估区域，1000m 缓冲区分区土地利用类型和所占比例详见表 7.30 和表 7.31。

表 7.30　　　　　　　　　星云湖 1000m 缓冲区分区土地利用类型　　　　　　单位：km²

土地利用类型	D_I 区	D_{II} 区	D_{III} 区	D_{IV} 区
道路交通用地	0.10	0.11	0.09	0.00
农村住宅用地	0.77	0.74	1.05	1.01
城镇住宅用地	0.00	0.00	0.08	0.02
采矿用地	0.00	0.00	0.00	0.02
工业用地	0.03	0.04	0.09	0.08
裸地	0.07	0.25	0.00	0.49
其他草地	0.00	0.00	0.00	0.00
灌木林地	2.22	1.91	0.00	0.70
其他林地	0.61	0.47	0.02	0.15
有林地	1.68	1.56	0.00	0.63
旱地	0.96	1.60	0.00	0.52
水浇地	3.61	4.81	7.43	7.18
坑塘水面	0.03	0.19	0.46	0.05
内陆滩涂	0.05	0.00	0.09	0.05
沼泽地	0.34	0.19	0.00	0.45
其他地类	0.29	0.00	0.02	0.01
合计	10.76	11.87	9.33	11.36

表 7.31　　　　　　　　星云湖 1000m 缓冲区分区土地利用类型所占比例　　　　　　　%

土地利用类型	D_I 区	D_{II} 区	D_{III} 区	D_{IV} 区
道路交通用地	0.93	0.93	0.96	0.00
农村住宅用地	7.16	6.23	11.25	8.89
城镇住宅用地	0.00	0.00	0.86	0.18
采矿用地	0.00	0.00	0.00	0.18
工业用地	0.28	0.34	0.96	0.70
裸地	0.65	2.11	0.00	4.31
其他草地	0.00	0.00	0.00	0.00
灌木林地	20.63	16.09	0.00	6.16
其他林地	5.67	3.96	0.22	1.32
有林地	15.61	13.14	0.00	5.55
旱地	8.92	13.48	0.00	4.58
水浇地	33.55	40.52	79.64	63.20
坑塘水面	0.28	1.60	4.93	0.44
内陆滩涂	0.46	0.00	0.96	0.44
沼泽地	3.16	1.60	0.00	3.96
其他地类	2.70	0.00	0.22	0.09

D_I 区：面积为 10.76km²，植被覆盖面积最大，为 4.51km²，占该区总面积的 41.91%；其次为水浇地 3.61km²，占该区总面积的 33.55%。

D_{II} 区：面积为 11.87km²，面积最大的为水浇地 4.81km²，占该区总面积的 40.52%；植被覆盖为 3.94km²，占该区总面积的 33.19%。

D_{III} 区：面积为 9.33km²，面积最大的为水浇地 7.43km²，占该区总面积的 79.64%；植被覆盖面积仅为 0.02km²，仅占该区总面积的 0.22%。

D_{IV} 区：面积为 11.36km²，面积最大的为水浇地 7.18km²，占该区总面积的 63.20%；植被覆盖面积约为 1.48km²，占该区总面积的 13.09%。

第 8 章

抚仙湖水生态健康状况评估

2011 年 10 月、2012 年 4 月、2012 年 10 月对抚仙湖各项指标进行了 3 次现场调查和样品采集。主要调查监测了抚仙湖的坡岸带情况、湖区和近岸区的水质指标和生物指标；收集了水文、水功能区达标评价、水资源开发利用、防洪工程情况等相关资料；采用卫星遥感影像图进行解译，分析湖滨带区域土地利用状况；开展了公众满意度调查。以此对抚仙湖进行健康状况评估。

8.1 抚仙湖生态完整性评估

8.1.1 水文水资源状况评估

抚仙湖水文水资源指标为水位变异程度分析，采用抚仙湖海口水文站 1953—2012 年的 60 年的水位资料，以每月月平均水位为系列，用中澳开发的生态流量评估及分析计算方法，通过 FlowHealth 软件进行评价。得分结果用颜色编码来显示各水位组分相对于理想水位动态的符合程度，蓝色表示偏差小"十分符合"，红色表示偏差极大"危险"。抚仙湖水位健康指数见图 8.1。

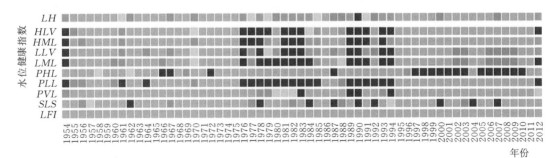

图 8.1 抚仙湖水位健康指数图

从图 8.1 可以看出，抚仙湖历年的水位健康指标普遍较高，多年平均的水位健康指数为 0.71，历年最小为 0.15（1990 年）。2007 年抚仙湖提高了最低运行水位，因此近年来抚仙湖连续高水位指标得分较低，其他指标影响不大，得分均较高。2011 年抚仙湖水位健康指数最大，分值为 1，8 个指标得分全部为 1，水文水资源赋分为 100。2012 年水位健康指数分值为 0.38，丰水期水位指标、最小月水位指标、连续低水位指标偏差极大，得分为 0；连续高水位指标、水位季节性变化指标偏差极小，得分为 1；水文水资源得分为 38。抚仙湖水文水资源得分情况见表 8.1。

表 8.1 抚仙湖水文水资源得分情况表

年份	丰水期水位指标（HLV）	最大月水位指标（HML）	枯水期水位指标（LLV）	最小月水位指标（LML）	连续高水位指标（PHL）	连续低水位指标（PLL）	连续极小水位指标（PVL）	水位季节性变化指标（SLS）	水位健康指数（LH）	水文水资源准则层得分
2011	1	1	1	1	1	1	1	1	1	100
2012	0	0.25	0.30	0	1	0	0.50	1	0.38	38
多年平均	0.70	0.72	0.65	0.63	0.66	0.63	0.85	0.79	0.71	71

8.1.2 物理结构状况评估

抚仙湖物理结构评价指标是湖滨带状况，包括湖岸稳定性、植被覆盖度、人工干扰程度的评估。

8.1.2.1 湖岸稳定性

抚仙湖湖滨带共调查 6 个区域的 10 个监测点位，通过遥感影像解译技术、辅以人工现场判读的方式对岸坡 5m 缓冲面积范围内的土地利用情况进行调查（图 8.2），监测站点现场情况见图 8.3。调查内容包括斜坡倾角（°）、岸坡植被覆盖度、斜坡高度（m）、基质成分以及坡脚冲刷程度等，根据调查结果进行赋分，调查结果评估见表 8.2。

表 8.2 抚仙湖湖岸稳定性调查结果评估表

评估区域	点位	调查项目					评估赋分					区域得分
		斜坡倾角/(°)	岸坡植被覆盖度/%	斜坡高度/m	基质	坡脚冲刷强度	斜坡倾角	岸坡植被覆盖度	斜坡高度	基质成分	冲刷程度	
C_I	小村	10	8.40	0.2	黏土	轻度冲刷	90	8.4	90	25	75	57.7
	东大河湿地	5		1	非黏土	无冲刷迹象						
C_{II}	禄充	20	21.80	1	砾石	轻度冲刷	63.2	21.8	75	50	75	57.0
	狗爬坎	40		3	非黏土	中度冲刷						
C_{III}	海口	20	9.64	1	非黏土	无冲刷迹象	85	9.6	90	0	90	54.9
C_{IV}	矣马谷村	30	14.68	1	非黏土	轻度冲刷	82.5	14.7	90	0	75	52.4
	小马沟	5		0.2	岩土	轻度冲刷						
C_V	隔河	90	69.40	2	砾石	轻度冲刷	90	86.6	90	50	75	78.3
	情人岛	10		1	砾石	轻度冲刷						
C_{VI}	清鱼湾	10	19.69	1.7	砾石	无冲刷迹象	90	19.7	75	50	75	61.9

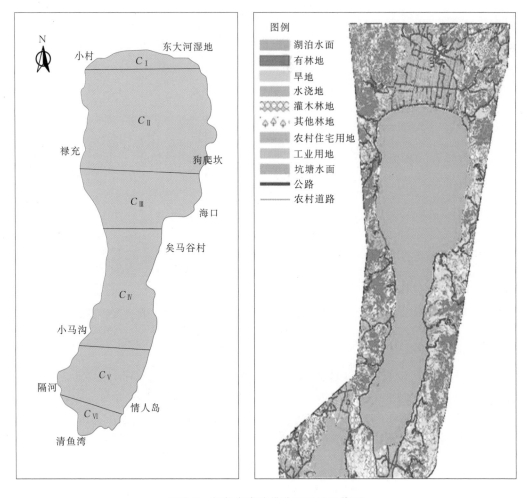

图 8.2　抚仙湖湖滨带分区图及影像图

6 个评估区域湖岸稳定性评估得分为 52.4～78.3，界于基本稳定和次不稳定状态之间。调查结果显示各个区域湖岸稳定性状况如下。

C_I 区域湖岸稳定性评估得分为 57.7 分，主要影响因素是岸坡基质和岸坡植被覆盖度，该区域岸坡多为黏土基质和非黏土基质，植被覆盖度较低，是 6 个评估区域内岸坡植被覆盖度最低的区域。

C_{II} 区域湖岸稳定性评估得分为 57.0 分，主要影响因素是岸坡植被覆盖度，但岸坡植被覆盖度是 6 个评估区域内得分第二高的。该区域的东岸狗爬坎站相对于西岸禄充站位稳定性较差，斜坡倾角、斜坡高度、坡脚冲刷强度均处于次不稳定。

C_{III} 区域只调查了海口站位，湖岸稳定性评估得分为 54.9 分，主要影响因素是湖岸基质和岸坡植被覆盖度，该区域岸坡多为非黏土基质，湖岸基质得分为 0 分。

C_{IV} 区域湖岸稳定性评估得分为 52.4 分，主要影响因素是湖岸基质、岸坡植被覆盖度，该区域岸坡多为非黏土基质，湖岸基质得分为 0 分。

(a) 小马沟 　　　　　　　(b) 禄充 　　　　　　　(c) 小村

(d) 东大河湿地 　　　　　(e) 狗爬坎 　　　　　　(f) 海口

(g) 矣马谷村 　　　　　　　　　(h) 情人岛

图 8.3　抚仙湖近岸带监测站点现场情况图

C_V 区域湖岸稳定性评估得分为 78.3 分，主要影响因素是湖岸基质，该区域岸坡植被覆盖度是 6 个评估区域内得分最高的。

C_{VI} 区域湖岸稳定性评估得分为 61.9，主要影响因素是湖岸基质。

抚仙湖湖岸稳定性属于基本稳定和次不稳定状态之间，其主要影响因素是湖岸基质和岸坡植被覆盖度。抚仙湖属于断陷性湖泊，湖盆东西两侧为断层崖或断块山地，大部分区域天然形成的湖滨带缓冲区较狭窄，湖泊所在的自然地质条件决定了湖岸基质多为砾石和非黏土，同时湖岸边多开垦为农田，缺少自然植被覆盖，因此湖岸基质和岸坡植被覆盖度得分较低。详见图 8.4 和图 8.5。

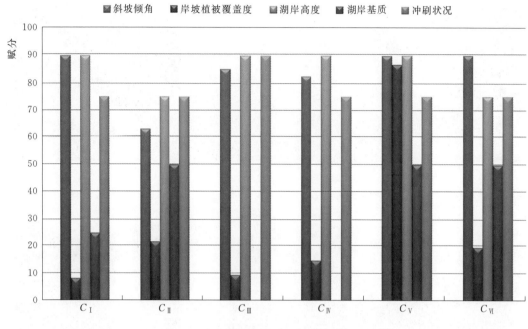

图 8.4　抚仙湖湖岸稳定性各指标分值图

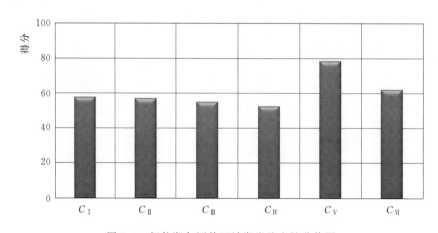

图 8.5　抚仙湖各评估区域湖岸稳定性分值图

8.1.2.2　湖岸带植被覆盖度

根据卫星遥感影像解译结果分别获取抚仙湖 6 个评估区域湖滨带 200m 的乔木、灌木、草本的植被覆盖度，采用直接评判法，分别对乔木、灌木及草本植物覆盖度进行赋分，并计算湖滨带植被覆盖度指标赋分值，调查结果见表 8.3、图 8.6～图 8.8。

抚仙湖湖滨带各区域的植被覆盖度处于 22.7%～65.3%，赋分为 50～75，处于中度到重度覆盖状态。抚仙湖湖滨带植被覆盖度赋分不低，但湖岸边多开垦为农田，乔木、灌木植被面积较少，湖滨带主要为草本植被覆盖。

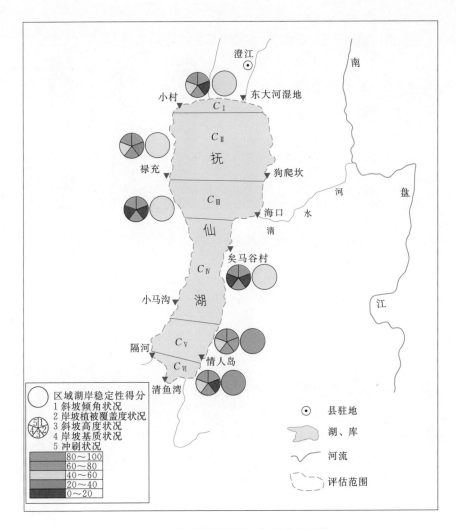

图 8.6　抚仙湖湖岸稳定性评估得分图

表 8.3　　　　　　　　　　　　抚仙湖湖滨带植被覆盖度调查表

评估区域	评价项目			植被覆盖度 /%	评估赋分
	乔木覆盖度 /%	灌木覆盖度 /%	草本植被覆盖度 /%		
C_I	3.2	0.0	19.5	22.7	50
C_{II}	7.7	10.2	47.4	65.3	75
C_{III}	11.5	2.4	23.9	37.8	50
C_{IV}	9.0	5.9	37.7	52.6	75
C_V	11.1	9.0	34.6	54.7	75
C_{VI}	3.3	33.0	8.5	44.8	75

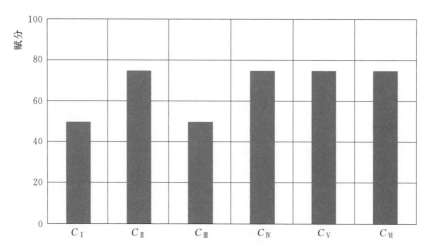

图 8.7 抚仙湖湖滨带植被覆盖度分值图

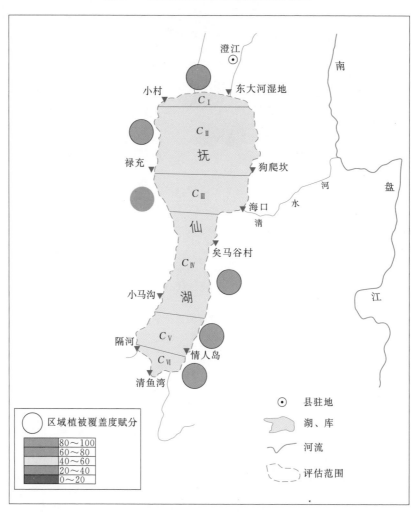

图 8.8 抚仙湖湖滨带植被覆盖度赋分图

8.1.2.3　湖滨带人工干扰程度

采用遥感影像解译对抚仙湖 6 个评估区域的湖滨带及其邻近陆域 100m 内的典型人类活动进行调查评估，调查内容包括：湖岸硬性砌护、网箱养殖、沿岸建筑物（房屋）、公路（或铁路）、垃圾填埋场或垃圾堆放、湖滨公园、管道、采矿、农业耕种、畜牧养殖等。调查范围为湖滨带，即最高蓄水位沿地表向外水平延伸 100m 的范围。抚仙湖人工干扰调查评分见表 8.4 和图 8.9。

表 8.4　　　　　　　　　　　　抚仙湖人工干扰调查评分表

评估区域	湖岸硬性砌护	网箱养殖	沿岸建筑物（房屋）	公路（或铁路）	垃圾填埋（堆放）场	湖滨公园	管道	农业耕种	畜牧养殖	综合赋分	区域得分
C_I	+		+	#		+	+	+		−45	55
C_{II}			+	#		+		+		−35	65
C_{III}			+	#				+		−30	70
C_{IV}			+	#				+		−30	70
C_V			+	#		+		+		−35	65
C_{VI}	+		+	#				+		−35	65

注　1. "+"代表在湖滨带出现此项人类活动类型。
　　2. "#"代表在邻近陆域出现此项人类活动类型。

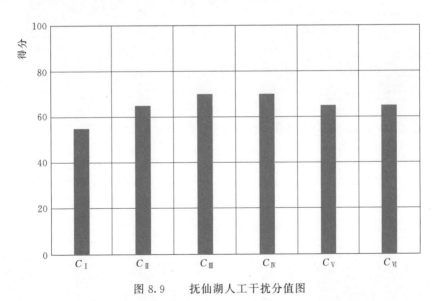

图 8.9　抚仙湖人工干扰分值图

抚仙湖的人工干扰程度得分为 55～70 分，影响得分的主要原因为各区域均有环湖公路、沿岸建筑物（房屋）以及农业耕种。人工干扰强度最大的是 C_I 区域，其次是 C_{II}、C_V、C_{VI} 区域，C_{III}、C_V 区域人工干扰强度较小。C_I 和 C_{VI} 区域有硬性砌护湖岸，C_I、C_{II}、C_V 区域有湖滨公园、浴场，C_I 区域有管道。详见图 8.10。

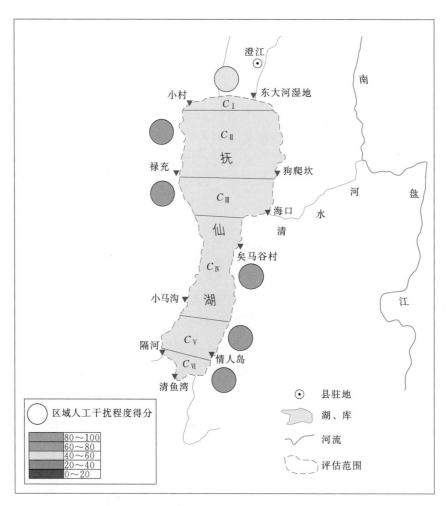

图 8.10　抚仙湖湖滨带人工干扰程度评估得分图

8.1.2.4　物理结构调查得分

将以上 3 个指标按权重计算得抚仙湖 6 个区域湖滨带状况得分，即为抚仙湖物理结构得分，结果见表 8.5、图 8.11 和图 8.12。

表 8.5　　　　　　　　　　　　　　　湖滨带状况指标得分情况

评估区域	岸坡稳定性得分	植被覆盖度得分	湖滨带人工干扰程度得分	湖滨带状况指标得分
C_I	57.7	50	55	53.2
C_{II}	57.0	75	65	68.0
C_{III}	54.9	50	70	56.2
C_{IV}	52.4	75	70	68.1
C_V	78.3	75	65	73.3
C_{VI}	61.9	75	65	69.2

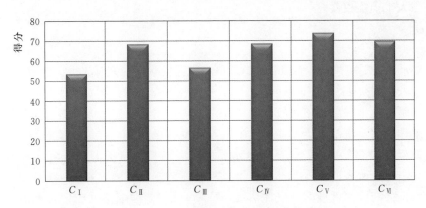

图 8.11   抚仙湖物理结构评分结果

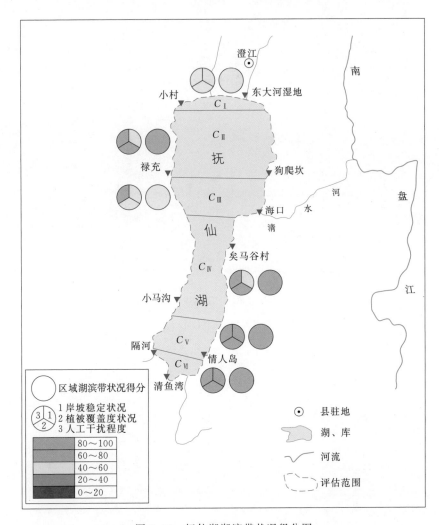

图 8.12   抚仙湖湖滨带状况得分图

抚仙湖物理结构得分为 53.2～73.3 分。从得分情况分析，湖滨带植被覆盖度影响最高，其次为人工干扰程度。

8.1.3 水质状况评估

抚仙湖水质准则层包括溶解氧状况、耗氧有机污染状况、富营养化状况 3 个指标。

8.1.3.1 溶解氧状况评估

溶解氧是水生生物生存不可缺少的条件，当溶解氧消耗速率大于氧气向水体中溶入的速率时，水体恶化，溶解氧大小能够反映出水体受到的污染，特别是有机物污染的程度，是水体污染程度的重要指标，也是衡量水质的综合指标。抚仙湖湖区溶解氧测值范围为 8.3～11.4mg/L，所有监测点全部达到Ⅰ类水质标准，各区域溶解氧水质状况评估得分全为 100 分。抚仙湖监测区域溶解氧评估结果见表 8.6，溶解氧浓度变化见图 8.13，溶解氧等值线图见图 8.14。

表 8.6　　　　　　　　抚仙湖监测区域溶解氧评估结果

评估区域	站点	指标值/（mg/L）			指 标 赋 分			区域评估得分		
		2011年10月	2012年4月	2012年10月	2011年10月	2012年4月	2012年10月	2011年10月	2012年4月	2012年10月
C_I	B_1	8.7	10.4	9.3	100	100	100	100	100	100
C_{II}	B_2	8.4	10.3	9.4	100	100	100	100	100	100
	B_3	8.5	10.3	9.4	100	100	100			
	B_4	8.4	10.3	9.2	100	100	100			
	B_5	8.3	10.3	9.1	100	100	100			
	B_6	8.4	10.3	10.0	100	100	100			
	B_7	8.4	10.4	9.9	100	100	100			
	B_8	8.5	10.4	9.0	100	100	100			
	B_9	8.3	10.3	8.7	100	100	100			
	B_{10}	8.3	10.3	8.8	100	100	100			
	B_{11}	8.5	10.4	9.6	100	100	100			
C_{III}	B_{12}	8.4	10.7	8.3	100	100	100	100	100	100
	B_{13}	8.4	10.6	8.5	100	100	100			
	B_{14}	8.4	10.5	9.2	100	100	100			
	B_{15}	8.4	10.5	9.0	100	100	100			
	B_{18}	8.5	9.7	8.4	100	100	100			
C_{IV}	B_{16}	8.6	10.4	9.2	100	100	100	100	100	100
	B_{17}	8.5	10.6	8.0	100	100	100			
	B_{19}	8.6	9.6	9.0	100	100	100			
	B_{20}	9.0	9.4	9.4	100	100	100			
	B_{21}	8.7	9.7	9.2	100	100	100			

续表

评估区域	站点	指标值/（mg/L）			指 标 赋 分			区域评估得分		
		2011年10月	2012年4月	2012年10月	2011年10月	2012年4月	2012年10月	2011年10月	2012年4月	2012年10月
C_{IV}	B_{22}	8.5	9.6	9.1	100	100	100	100	100	100
	B_{23}	9.0	11.2	9.2	100	100	100			
	B_{24}	9.5	8.9	9.2	100	100	100			
	B_{25}	8.7	9.6	9.3	100	100	100			
	B_{26}	8.7	9.6	9.0	100	100	100			
C_{V}	B_{27}	8.6	9.6	9.2	100	100	100	100	100	100
	B_{28}	8.7	9.6	9.2	100	100	100			
	B_{29}	8.8	10.0	9.1	100	100	100			
	B_{33}	8.5	9.5	9.0	100	100	100			
	B_{34}	8.8	9.6	9.0	100	100	100			
C_{VI}	B_{30}	8.4	10.1	11.2	100	100	100	100	100	100
	B_{31}	8.7	9.7	11.4	100	100	100			
	B_{32}	8.6	9.7	10.4	100	100	100			

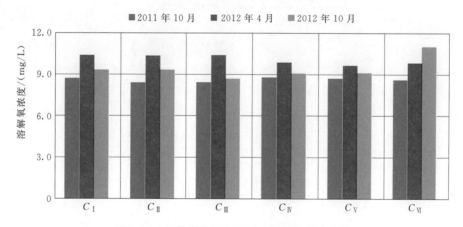

图 8.13　抚仙湖各调查区域溶解氧浓度变化图

从溶解氧等值线图可以看出，2011年10月抚仙湖中部 C_{IV} 区域溶解氧浓度较高，其次为 C_{II}、C_{III}、C_{V} 区域，北部 C_I 和南部 C_{VI} 区域溶解氧浓度相对较低；2012年4月抚仙湖北部湖区溶解氧浓度较南部湖区略高，但北部湖区靠近澄江县城的 C_I 区域较 C_{II} 和 C_{III} 区域稍低；2012年10月南部 C_{VI} 区域溶解氧浓度相对较高，达到11.0m/L，C_{III} 区域相对较低，为8.7mg/L。C_I、C_{VI}、C_{III} 区域周边村庄分布较多，受人类活动影响较大，溶解氧浓度相对偏低。

8.1.3.2　耗氧有机污染状况评估

耗氧有机物是指导致水体中溶解氧大幅度下降的有机污染物，取高锰酸盐指数、氨氮

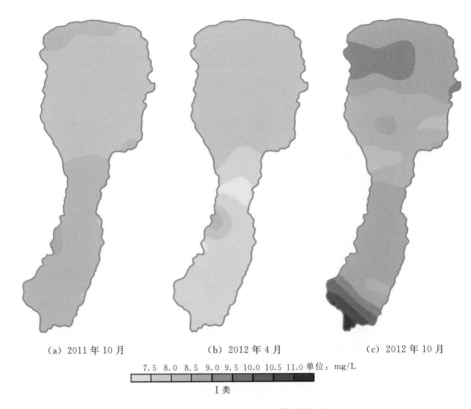

(a) 2011 年 10 月   (b) 2012 年 4 月   (c) 2012 年 10 月

7.5 8.0 8.5 9.0 9.5 10.0 10.5 11.0 单位：mg/L

Ⅰ类

图 8.14　抚仙湖溶解氧等值线图

两项对抚仙湖耗氧有机污染状况进行监测评估。抚仙湖 6 个区域的氨氮浓度 0.043～0.146mg/L，高锰酸盐指数浓度为 1.2～1.5mg/L，全部达到Ⅰ类水质标准，得分为 100 分，综合两项指标评估耗氧有机污染状况，6 个区域得分全部为 100 分。抚仙湖耗氧有机污染状况评估得分见表 8.7，浓度变化见图 8.15，氨氮等值线图见图 8.16，高锰酸盐指数等值线图见图 8.17。

表 8.7　　　　　　　　　　　抚仙湖耗氧有机污染状况评估得分

评估区域	指标均值/(mg/L)						指 标 得 分						耗氧有机污染状况得分		
	2011 年 10 月		2012 年 4 月		2012 年 10 月		2011 年 10 月		2012 年 4 月		2012 年 10 月		2011 年 10 月	2012 年 4 月	2012 年 10 月
	氨氮	高锰酸盐指数	氨氮	高锰酸盐指数	氨氮	高锰酸盐指数	氨氮	高锰酸盐指数	氨氮	高锰酸盐指数	氨氮	高锰酸盐指数			
$C_{Ⅰ}$	0.126	1.4	0.055	1.3	0.045	1.3	100	100	100	100	100	100	100	100	100
$C_{Ⅱ}$	0.118	1.3	0.043	1.2	0.044	1.4	100	100	100	100	100	100	100	100	100
$C_{Ⅲ}$	0.116	1.3	0.057	1.2	0.058	1.4	100	100	100	100	100	100	100	100	100
$C_{Ⅳ}$	0.112	1.4	0.063	1.4	0.066	1.4	100	100	100	100	100	100	100	100	100
$C_{Ⅴ}$	0.102	1.3	0.056	1.4	0.050	1.5	100	100	100	100	100	100	100	100	100
$C_{Ⅵ}$	0.146	1.3	0.073	1.3	0.052	1.4	100	100	100	100	100	100	100	100	100

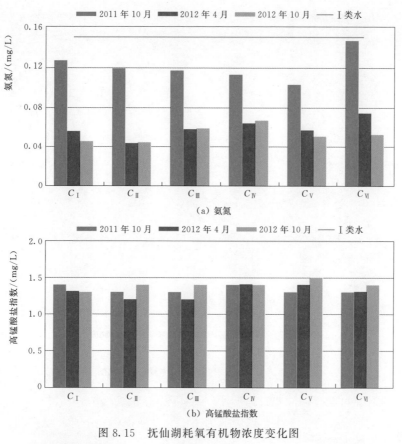

（a）氨氮

（b）高锰酸盐指数

图 8.15　抚仙湖耗氧有机物浓度变化图

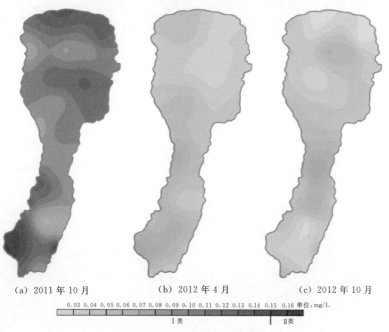

（a）2011 年 10 月　　　（b）2012 年 4 月　　　（c）2012 年 10 月

0.03 0.04 0.05 0.06 0.07 0.08 0.09 0.10 0.11 0.12 0.13 0.14 0.15 0.16 单位：mg/L

Ⅰ类　　　　　　　　Ⅱ类

图 8.16　抚仙湖氨氮等值线图

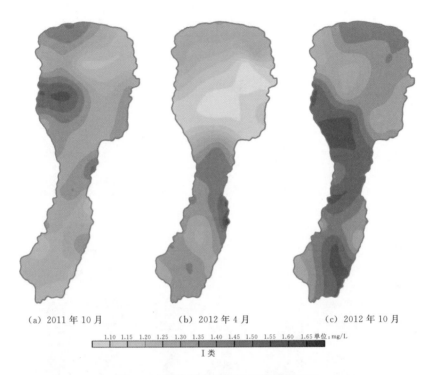

(a) 2011 年 10 月 　　　　(b) 2012 年 4 月 　　　　(c) 2012 年 10 月

1.10 1.15 1.20 1.25 1.30 1.35 1.40 1.45 1.50 1.55 1.60 1.65 单位：mg/L

Ⅰ类

图 8.17 　抚仙湖高锰酸盐指数等值线图

从图 8.16 中可以看出，2011 年 10 月氨氮值为 0.066～0.162mg/L，平均值为 0.116mg/L，氨氮最高值主要位于以农业为主的北部龙街镇、南部江城镇和路居镇，以及中部海口镇的旅游度假区。

2012 年 4 月氨氮值为 0.037～0.099mg/L，平均值为 0.056mg/L。氨氮最高值主要位于南部江城镇的孤山风景区。

2012 年 10 月氨氮值为 0.030～0.100mg/L，平均值为 0.055mg/L。

2011 年 10 月高锰酸盐指数值为 1.2～1.5mg/L，平均值为 1.3mg/L，高锰酸盐指数最高值主要位于以旅游业为主的西北部澄江县禄充和北部澄江县龙街镇。2012 年 4 月高锰酸盐指数值为 1.1～1.6mg/L，平均值为 1.3mg/L。2012 年 10 月高锰酸盐指数值为 1.3～1.5mg/L，平均值为 1.4mg/L。高锰酸盐指数最高值主要位于西北部澄江县和南部路居镇。从高锰酸盐指数的等值线图中可以看出，抚仙湖整个水体的高锰酸盐指数变化不大。

抚仙湖径流区内集中了澄江县、江川县大部分人口和企业，农业和磷化工业比较发达。山地开垦和磷矿开采引起森林植被的严重破坏和大面积水土流失，径流区内林地覆盖率低，加上滨湖平坝区高强度的农作和大量使用化肥农药带来的农田面源污染，将农田面源污染带入入湖河流。农村面源污染是入湖河流水污染的主要来源；其次是畜禽养殖污染、居民生活污水和垃圾污染和宾馆餐饮污染。马料河等入湖河流经过澄江县城，由于县城人口密集，污水收集系统不健全，致使部分生活污水直接入河，对河流水质造成了较大的影响。

三次调查结果显示，抚仙湖 6 个区域的氨氮浓度为 0.043～0.146mg/L，高锰酸盐指数浓度为 1.2～1.5mg/L，耗氧有机污染状况评估得分均为 100 分。

8.1.3.3　湖库富营养化状况评估

对抚仙湖 6 个区域进行富营养化状况调查，评价项目为总磷、总氮、高锰酸盐指数、叶绿素 a、透明度等 5 项。抚仙湖富营养化状况评估结果详见表 8.8。

表 8.8　　　　　　　　　　抚仙湖富营养化状况评估结果表

评估区域	指标赋分																				EI			富营养化状况评估得分		
	2011 年 10 月					2012 年 4 月					2012 年 10 月					2011 年 10 月	2012 年 4 月	2012 年 10 月	2011 年 10 月	2012 年 4 月	2012 年 10 月					
	总氮	高锰酸盐指数	总磷	叶绿素 a	透明度	总氮	高锰酸盐指数	总磷	叶绿素 a	透明度	总氮	高锰酸盐指数	总磷	叶绿素 a	透明度											
C_I	35	34	10	26	20	32	33	10	10	20	29	33	30	14	20	25	21	25	60	60	60					
C_{II}	34	33	10	19	16	33	32	10	11	16	34	34	12	16	16	22	20	22	60	100	60					
C_{III}	34	33	10	19	14	33	33	10	9	14	34	34	14		14	22	20	21	60	60	60					
C_{IV}	34	33	12	33	14	34	34	10	4	14	32	34	12	16	14	25	19	22	60	100	60					
C_V	34	33	15	39	14	35	34	14		14	34	35			14	27	20	22	60	100	60					
C_{VI}	34	33	14	38	15	34	33	14		14	35	34	10	19	15	26	20	23	60	100	60					

抚仙湖营养状况指数为 19～27 分，呈现贫营养到中营养过渡状态，富营养状况评估得分大部分为 60 分，对富营养状况评估得分影响较大的是总氮、高锰酸盐指数。C_{IV} 区域西南沿岸和 C_V 区域西部沿岸地区位于阳光海岸附近水体，C_{VI} 区域靠近村庄附近水体，总氮浓度略高，C_{II} 区域禄充湖滨浴场附近及 C_{IV} 矣马谷村附近水体，高锰酸盐指数略高。

8.1.3.4　水质准则层评估

抚仙湖各评估区域水质准则层评估 2011 年 10 月和 2012 年 10 月得分均为 60 分，2012 年 4 月得分为 60～100 分，影响抚仙湖水质准则层评估得分较低的主要指标为富营养化状况。

三次调查抚仙湖 6 个区域的水质准则层，评估结果见表 8.9。

8.1.4　水生生物状况评估

抚仙湖水生生物准则层评估包括底栖动物、浮游植物、附生硅藻 3 个指标。

8.1.4.1　底栖动物

2011 年 10 月、2012 年 4 月和 2012 年 10 月分别对抚仙湖近岸带站位进行大型底栖生物的调查，底栖动物调查结果见表 8.10。运用 Shannon - Wiener 多样性指数 H'，Pielou 均匀度指数 J 进行评价并赋分，评估得分见表 8.11 和图 8.18。

表 8.9 抚仙湖水质准则层评估结果

| 评估区域 | 3 个指标得分 | | | | | | | | | 水质准则层得分 | | |
| | 溶解氧 | | | 耗氧有机污染状况 | | | 富营养化状况 | | | | | |
	2011 年 10 月	2012 年 4 月	2012 年 10 月	2011 年 10 月	2012 年 4 月	2012 年 10 月	2011 年 10 月	2012 年 4 月	2012 年 10 月	2011 年 10 月	2012 年 4 月	2012 年 10 月
C_I	100	100	100	100	100	100	60	60	60	60	60	60
C_{II}	100	100	100	100	100	100	60	100	60	60	100	60
C_{III}	100	100	100	100	100	100	60	100	60	60	100	60
C_{IV}	100	100	100	100	100	100	60	60	60	60	60	60
C_V	100	100	100	100	100	100	60	100	60	60	100	60
C_{VI}	100	100	100	100	100	100	60	100	60	60	100	60

表 8.10 抚仙湖底栖动物调查结果

| 区域 | 站点 | 2011 年 10 月 | | | | 2012 年 4 月 | | | | 2012 年 10 月 | | | |
		种类数	丰度 /(ind. /m²)	生物量 /(g/m²)	优势种类	种类数	丰度 /(ind. /m²)	生物量 /(g/m²)	优势种类	种类数	丰度 /(ind. /m²)	生物量 /(g/m²)	优势种类
C_I	小村	4	473.3	16.303	拟沼螺	2	1510	28.759	钩虾	7	1086.7	48.247	拟沼螺
	东大河湿地	3	763.3	52.307	拟沼螺	2	6724	147.594	钩虾	4	720.0	32.733	拟沼螺
C_{II}	禄充	4	183.3	3.197	钩虾	1	108	0.597	钩虾	6	503.3	18.837	拟沼螺
	狗爬坎	5	123.3	8.183	拟沼螺	2	100	0.679	钩虾	8	346.7	75.827	沼虾
C_{III}	海口	4	443.3	17.097	沼虾	5	190	87.595	沼虾	6	306.7	26.357	拟沼螺
C_{IV}	小马沟	5	566.7	27.150	拟沼螺	6	40	11.907	沼虾	10	810.0	57.957	拟沼螺
	矣马古村	1	143.3	21.747	沼虾	6	698	11.817	钩虾	7	260.0	30.333	河蚬
C_V	情人岛	3	360.0	34.733	拟沼螺	7	69	8.92	钩虾				
C_{VI}	清鱼湾	2	86.7	34.440	沼虾	6	41	6.632	钩虾	4	2073.3	119.77	拟沼螺
	隔河	4	123.3	7.390	沼虾	3	13	0.101	钩虾	6	686.7	53.837	沼虾

表 8.11 抚仙湖底栖动物评估得分

| 区域 | 站点 | 2011 年 10 月 | | | | | 2012 年 4 月 | | | | | 2012 年 10 月 | | | | |
| | | 指标值 | | 指标赋分 | | 区域得分 | 指标值 | | 指标赋分 | | 区域得分 | 指标值 | | 指标赋分 | | 区域得分 |
		J	H'	Jr	$H'r$		J	H'	Jr	$H'r$		J	H'	Jr	$H'r$	
C_I	小村	0.4	0.8	55	23	29	0.02	0.02	2	0	0	0.4	1.1	56	33	33
	东大河湿地	0.7	1.2	100	35		0.0	0.00	0	0		0.6	1.1	100	34	
C_{II}	禄充	0.4	0.7	49	22	29	—	0.00	0	0	1	0.3	0.8	29	23	27
	狗爬坎	0.5	1.2	100	36		0.08	0.08	8	2		0.4	1.1	46	32	
C_{III}	海口	0.4	0.8	67	25	25	0.6	1.5	100	44	44	0.6	1.4	100	43	43

续表

区域	站点	2011年10月					2012年4月					2012年10月				
		指标值		指标赋分		区域得分	指标值		指标赋分		区域得分	指标值		指标赋分		区域得分
		J	H'	Jr	$H'r$		J	H'	Jr	$H'r$		J	H'	Jr	$H'r$	
C_{IV}	小马沟	0.6	1.5	100	44	22	0.9	2.2	100	69	36	0.4	1.3	55	38	51
	矣马古村	—	0.0	0	0		0.04	0.09	4	3		0.8	2.1	100	64	
C_{V}	情人岛	0.4	0.6	48	17	17	0.5	1.5	100	45	45					
C_{VI}	清鱼湾	0.4	0.4	57	12	25	0.7	1.9	100	56	48	0.3	0.5	26	16	29
	隔河	0.6	1.3	100	38		0.8	1.3	100	39		0.5	1.4	100	41	

三次调查结果共计发现底栖动物29种，抚仙湖2011年10月和2012年10月底栖动物的优势种类主要为拟沼螺、沼虾，2012年4月主要为钩虾。底栖动物丰富度为123.3～6724 ind./m²，C_I区域丰富度较高。

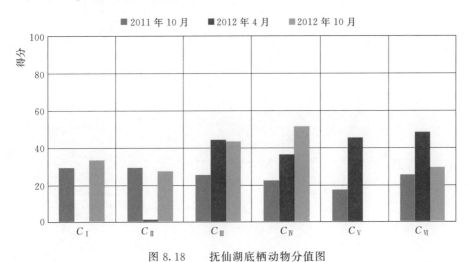

图8.18　抚仙湖底栖动物分值图

三次调查抚仙湖近岸带6个区域的J、H'指数值分别在0.0～0.9、0.0～2.2范围内，J、H'赋分值分别在0～100分、0～69分范围内。抚仙湖底栖动物6个区域得分为0～48分，2012年4月的C_{VI}区域得分较高，得分最低的是2012年4月的C_I区域。

抚仙湖岸边底栖动物优势种类主要有拟沼螺、钩虾、沼虾等，均不是耐污种，且沼虾常出现在水质较好的水域，这与抚仙湖水质状况相符合。抚仙湖底栖动物赋分很低的主要原因是抚仙湖属于深水湖泊，湖岸底质大多为大型砾石或卵石，部分区域为粗砂、浮泥，缺少大型水生植被，不适宜底栖动物的生存；另外受采样工具的限制，很难采集到大型砾石下的底栖动物，导致底栖动物多样性指数小，赋分较低。因此，本次底栖动物指标分值不参与生物准则层的评估赋分。

8.1.4.2　浮游植物

对抚仙湖湖区进行了三次浮游植物采样、调查，2011年10月采集7个点位浮游植物样品，2012年4月采集10个点位，2012年10月采集11个点位。抚仙湖浮游植物采集点位见图 8.19，分析计算浮游植物细胞丰度、群落结构，以及多样性指数，对抚仙湖各评估区域进行评价赋分，结果见表 8.12 和表 8.13。

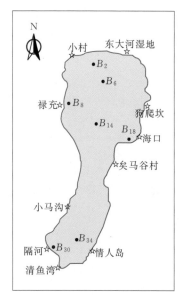

（a）2011 年 10 月

（b）2012 年 4 月

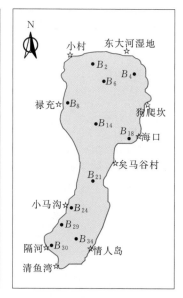

（c）2012 年 10 月

图 8.19　抚仙湖浮游植物采样点位图

表 8.12　抚仙湖浮游植物优势种

采集时间	中文名	拉丁文名	频率	优势度	平均丰度	细胞丰度
2011 年 10 月	隐球藻	*Aphanocapsa sp.*	1	0.29	1.92	1.33~2.50
	简单衣藻	*Chlamydomonas simplex*	0.9	0.07	0.65	0.03~1.26
	弯曲栅藻	*Scenedesmus arcuatus*	0.9	0.07	0.62	0.43~0.84
	小球藻	*Chlorella Vulgaris*	1	0.06	0.43	0.11~0.82
	单生卵囊藻	*Oocystis solitaria*	1	0.04	0.27	0.09~0.52
	并联藻	*Quadrigula chodatii*	0.9	0.04	0.34	0.09~0.91
2012 年 4 月	钝脆杆藻	*Fragilaria capucina*	0.8	0.19	0.33	0.02~1.58
	分歧锥囊藻	*Dinobryon sp.*	1	0.17	0.24	0.01~0.61
	转板藻	*Mougeotia sp.*	0.9	0.08	0.13	0.04~0.31
	华丽星杆藻	*Asterionella formosa*	0.7	0.05	0.11	0.08~0.29
	啮蚀隐藻	*Cryptomons erosa*	0.6	0.03	0.07	0.02~0.30
	尖针杆藻	*Synedra acusvar*	0.9	0.02	0.04	0.01~0.10
2012 年 10 月	并联藻	*Quadrigula chodatii*	1	0.18	0.46	0.20~1.12
	微囊藻	*Microcystis sp.*	0.4	0.13	0.87	1.05~3.80
	小球藻	*Chlorella vulgaris*	1	0.09	0.22	0.05~0.62
	色球藻	*Chroococcus sp.*	0.7	0.08	0.28	0.02~0.97
	转板藻	*Mougeotia sp.*	0.8	0.07	0.20	0.03~0.82
	肾形藻	*Nephrocytium agardhianum*	0.9	0.05	0.14	0.03~0.32

表 8.13　　　　　　　　　抚仙湖浮游植物主要细胞丰度组成表　　　　　　单位：10^5 个/L

评估区域	站点	2011 年 10 月				2012 年 4 月				2012 年 10 月		
		蓝藻门	绿藻门	硅藻门	细胞丰度	硅藻门	绿藻门	金藻门	细胞丰度	绿藻门	蓝藻门	细胞丰度
C_I	B_2	1.3	4.6	0.2	6.4	0.5	0.6	0.6	1.7	1.8	3.5	5.5
C_{II}	B_4					0.4	1.0	0.6	2.9	1.1	1.2	2.4
	B_6	1.6	3.2	0.2	5.1					1.3	1.1	2.5
	B_8	1.7	3.4	0.2	5.5	0.1	0.1	0.2	0.4	3.1		3.3
C_{III}	B_{14}	2.4	3.2	0.2	6.1	0.2	0.4	0.4	1.1	1.6	0.0	1.9
	B_{18}	4.7	3.1	0.2	8.1	1.2	0.4	0.1	1.7	1.5	0.0	1.6
C_{IV}	B_{21}					0.5	0.2	0.2	1.2	1.2	3.8	5.3
	B_{24}					0.1	0.2	0.0	0.3	1.4		1.5
C_V	B_{29}					0.5	0.2	0.1	0.9	1.5	0.0	1.6
	B_{34}	1.6	4.5	0.1	7.0	1.8	0.7	0.1	3.0	0.0		0.7
C_{VI}	B_{30}	5.2	3.8	0.2	9.3	0.1	0.2	0.1	0.6	1.0	0.0	1.2

　　抚仙湖三次调查共采集到浮游植物 83 种，隶属于蓝藻门、黄藻门、隐藻门、绿藻门、裸藻门、硅藻门、金藻门、甲藻门等 8 个门（图 8.20）。2011 年 10 月共鉴定浮游植物 54 种，隶属于 6 门 48 属；2012 年 4 月鉴定出浮游植物 36 种，隶属于 8 门 32 属；2012 年 10 月调查发现浮游植物 27 种，隶属于 6 门 22 属。抚仙湖湖区浮游植物主要以绿藻门种类为优势，其次是硅藻门和蓝藻门。

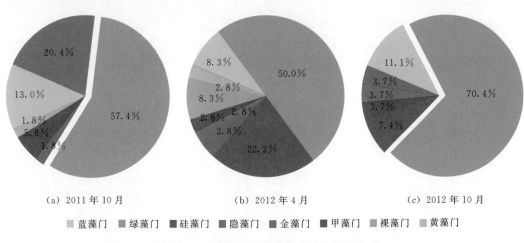

图 8.20　　抚仙湖浮游植物物种结构组成图

　　抚仙湖湖区浮游植物优势种主要为蓝藻门的隐球藻，绿藻门的简单衣藻、弯曲栅藻、小球藻、单生卵囊藻、转板藻、肾形藻、并联藻，硅藻门的钝脆杆藻等。

　　三次调查抚仙湖的浮游植物丰度为 $0.3 \times 10^5 \sim 9.3 \times 10^5$ 个/L，平均丰度为 3.6×10^5

个/L。2011 年 10 月细胞丰度介于 $5.1\times10^5\sim9.3\times10^5$ 个/L，平均为 6.8×10^5 个/L；2012 年 4 月浮游植物细胞丰度介于 $0.3\times10^5\sim3.0\times10^5$ 个/L，平均为 1.4×10^5 个/L；2012 年 10 月浮游植物细胞丰度介于 $0.7\times10^5\sim5.5\times10^5$ 个/L，平均为 2.5×10^5 个/L。10 月的浮游植物丰度相对较高。一般而言，浮游植物细胞丰度小于 3×10^5 个/L 时水体为贫营养型，在 $3\times10^5\sim10\times10^5$ 个/L 之间表明水体处于中营养状态，本次调查的各站位浮游植物的细胞丰度均在 5×10^5 个/L 以上，表明 2011 年 10 月抚仙湖已呈现中营养状态。细胞丰度最大值出现在 $C_{\text{Ⅵ}}$ 区域的 B_{30} 站点，达到 9.3×10^5 个/L，最小值出现在 $C_{\text{Ⅳ}}$ 区域的 B_{24} 站位，丰度为 0.3×10^5 个/L。详见图 8.21

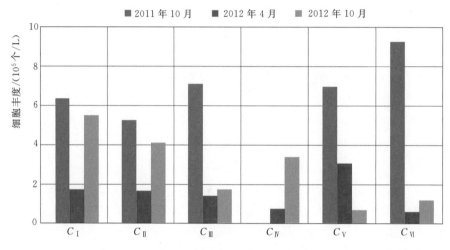

图 8.21 抚仙湖浮游植物细胞丰度图

抚仙湖浮游植物赋分按照参考基点倍数法进行。选取 20 世纪 80 年代中国科学院南京地理与湖泊研究所对抚仙湖浮游植物群落结构进行调查，浮游植物丰度为 1.27×10^5 个/L 作为基点，以评价年浮游水生植物密度除以该历史基点计算其倍数，然后进行赋分计算，抚仙湖湖区浮游植物赋分在 68～100 分，2012 年两次调查的浮游植物赋分均较高。详见表 8.14 和图 8.22。

表 8.14　　　　　　　　　　　　抚仙湖浮游植物赋分表

评估区域	站点	细胞丰度/（10^5个/L）			倍　　数			赋　　分		
		2011 年 10 月	2012 年 4 月	2012 年 10 月	2011 年 10 月	2012 年 4 月	2012 年 10 月	2011 年 10 月	2012 年 4 月	2012 年 10 月
$C_{\text{Ⅰ}}$	B_2	6.36	1.73	5.5	5.0	1.4	4.3	74	96	76
$C_{\text{Ⅱ}}$	B_4		2.92	2.4		2.3	1.9	77	94	88
	B_6	5.07		2.5	4.0		2.0			
	B8	5.45	0.39	3.3	4.3	0.3	2.6			
$C_{\text{Ⅲ}}$	B_{14}	6.08	1.11	1.9	4.8	0.9	1.5	73	98	96
	B_{18}	8.14	1.72	1.6	6.4	1.4	1.3			

续表

评估区域	站点	细胞丰度/（10⁵个/L）			倍　数			赋　分		
		2011年10月	2012年4月	2012年10月	2011年10月	2012年4月	2012年10月	2011年10月	2012年4月	2012年10月
C_{IV}	B_{21}		1.21	5.3		1.0	4.2		100	87
	B_{24}		0.25	1.5		0.2	1.2			
C_V	B_{29}		0.85	1.6		0.7	1.3	73	93	99
	B_{34}	6.97	3.04	0.7	5.5	2.4	0.6			
C_{VI}	B_{30}	9.28	0.59	1.2	7.3	0.5	0.9	68	100	100

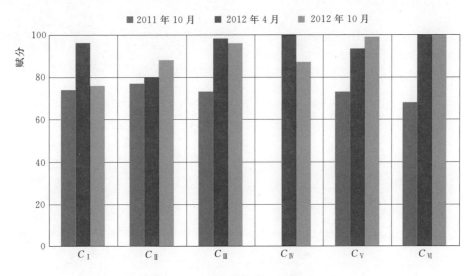

图8.22　抚仙湖浮游植物赋分图

8.1.4.3　附生硅藻

2012年4月和10月两次对抚仙湖岸坡6个站点的10个点进行附生硅藻的调查，各站位的优势种见表8.15。计算其硅藻生物指数（IBD），特定污染敏感指数（IPS），得出赋分。

表8.15　　　　　　　　　　抚仙湖湖滨带区域附生硅藻优势种表

评估区域	站点	2012年4月		2012年10月	
		优势种拉丁名	优势度	优势种拉丁名	优势度
C_I	小村、东大河湿地	*Achnanthes rivulare*	0.151	*Gomphonema angustatum* var. *sarcophagus*	0.156
		Achnanthes minutissima	0.105	*Cocconeis placentula*	0.105
		Achnanthes lanceolata	0.099	*Achnanthes minutissima*	0.061
		Navicula sp.	0.069	*Achnanthes lanceolata*	0.031

续表

评估区域	站点	2012 年 4 月		2012 年 10 月	
		优势种拉丁名	优势度	优势种拉丁名	优势度
C_{II}	禄充、狗爬坎	*Achnanthes rivulare*	0.302	*Cocconeis placentula*	0.237
		Gomphonema sp.	0.176	*Achnanthes minutissima*	0.169
		Gomphonema sphaerophorum	0.103	*Cyclotella sp.*	0.082
		Achnanthes minutissima	0.073	*Achnanthes lanceolata*	0.059
C_{III}	海口	*Gomphonema constrictum*	0.395	*Cocconeis placentula*	0.653
		Achnanthes minutissima	0.285	*Gomphonema gracile*	0.092
		Gomphonema gracile	0.147	*Navicula normaloides*	0.075
		Cocconeis placentula	0.115	*Navicula sp.*	0.064
C_{IV}	矣马谷村、小马沟	*Achnanthes minutissima*	0.209	*Cocconeis placentula*	0.287
		Achnanthes lanceolata	0.199	*Achnanthes lanceolata*	0.242
		Cocconeis placentula	0.173	*Achnanthes minutissima*	0.140
		Navicula sp.	0.148	*Cyclotella sp.*	0.090
C_V	情人岛	*Achnanthes rivulare*	0.363		
		Achnanthes minutissima	0.182		
		Cocconeis placentula	0.149		
C_{VI}	清鱼湾、隔河	*Achnanthes minutissima*	0.228	*Cocconeis placentula*	0.44
		Achnanthes rivulare	0.203	*Cyclotella sp.*	0.162
		Achnanthes lanceolata	0.101	*Epithemia sorex*	0.082
		Cocconeis placentula	0.097	*Achnanthes lanceolata*	0.046

两次调查结果显示，附生硅藻鉴定出 45 种。2012 年 4 月有 44 种，2012 年 10 月 41 种。其中 4 月优势度最高的有 *Achnanthes minutissima*（17.3%）、*Achnanthes rivulare*（11.5%）、*Cocconeis placentula*（8.3%）3 种；2012 年 10 月优势度最高的有 *Cocconeis placentula*（31.9%）、*Cyclotella sp.*（9.0%）、*Achnanthes lanceolata*（8.0%）、*Achnanthes minutissima*（8.0%）4 种。

两次调查结果，IBD 得分为 58～98 分，IPS 得分为 59～100 分，断面得分为 66～96 分（表 8.16 和图 8.23）。2012 年 C_I 区域得分较低，C_V、C_{VI} 区域得分较高。

表 8.16　　　　　　　　　　　　抚仙湖附生硅藻指数表

评估区域	站位	2012 年 4 月					2012 年 10 月				
		值		赋分		区域得分	值		赋分		区域得分
		IBD	IPS	IBD	IPS		IBD	IPS	IBD	IPS	
C_I	小村	12.1	13.4	69	78	76	14.5	13.0	84	75	67
	东大河湿地	14.2	16.1	83	94		10.2	10.5	58	59	

续表

评估区域	站位	2012 年 4 月					2012 年 10 月				
		值		赋分		区域得分	值		赋分		区域得分
		IBD	IPS	IBD	IPS		IBD	IPS	IBD	IPS	
C_{II}	禄充	16.2	14.9	95	87	89	12.3	12.1	71	69	66
	狗爬坎	15.9	15.7	93	92		15.5	11.1	91	63	
C_{III}	海口	15.7	16.2	92	95	92	15.5	14.1	91	82	82
C_{IV}	矣马谷村	15.9	15.5	93	91	82	15.7	16.3	92	96	79
	小马沟	14.2	12.7	83	73		11.6	11.2	66	64	
C_{V}	情人岛	16.1	17.0	94	100	94					
C_{VI}	清鱼湾	16.6	17.0	98	100	96	14.9	14.2	87	83	81
	隔河	16.0	17.4	94	100		12.9	14.5	74	84	

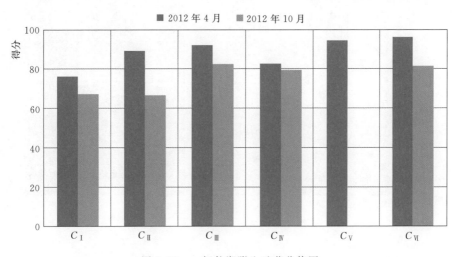

图 8.23 抚仙湖附生硅藻分值图

8.1.4.4 水生生物准则层得分

水生生物准则层包括浮游植物、底栖动物、附生硅藻 3 个指标。本次评估底栖动物不参与赋分，抚仙湖水生生物准则层以浮游植物、附生硅藻 2 个评估指标的最小分值作为水生生物准则层得分，结果见表 8.17。C_{IV} 区域 2011 年 10 月水生生物准则层得分取相邻 C_{III}、C_V 区域得分值为 73 分。

表 8.17 抚仙湖水生生物准则层评估结果

评估区域	2011 年 10 月	2012 年 4 月		2012 年 10 月		评估得分		
	浮游植物	浮游植物	附生硅藻	浮游植物	附生硅藻	2011 年 10 月	2012 年 4 月	2012 年 10 月
C_I	74	96	76	76	67	74	76	67
C_{II}	77	94	89	88	66	77	89	66
C_{III}	73	98	92	96	82	73	92	82

评估区域	2011 年 10 月	2012 年 4 月		2012 年 10 月		评 估 得 分		
	浮游植物	浮游植物	附生硅藻	浮游植物	附生硅藻	2011 年 10 月	2012 年 4 月	2012 年 10 月
$C_{Ⅳ}$		100	82	87	79	73	82	79
$C_{Ⅴ}$	73	93	94	99		73	93	99
$C_{Ⅵ}$	68	100	96	100	81	68	96	81

三次调查结果评估，抚仙湖 6 个区域的水生生物准则层得分为 67～99 分（图 8.24）。水生生物准则层浮游植物指标相对附生硅藻指标得分较高。

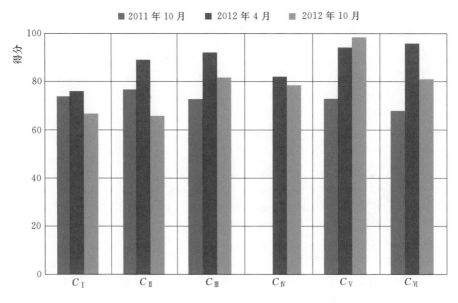

图 8.24　抚仙湖生物准则层评估结果图

2011 年 10 月、2012 年 4 月和 2012 年 10 月抚仙湖水生生物准则层平均得分分别为 88 分、73 分和 79 分，2011 年 10 月的得分相对较高。

8.1.5　生态完整性综合评估

对抚仙湖各评估区域水文、物理结构、水质和生物准则层进行综合评分，并按各区域面积加权平均得到抚仙湖生态完整性综合状况评估得分。抚仙湖湖泊水面面积为 $212km^2$，2011 年 10 月、2012 年 4 月和 2012 年 10 月抚仙湖生态完整性综合状况评估得分见表 8.18～表 8.20，生态完整性评估结果示意图详见图 8.25～图 8.27。

抚仙湖湖泊生态完整性评估中，三次评估物理结构准则层得分均较低。由于抚仙湖岸坡基质主要为黏土或非黏土，导致湖泊稳定性较低；周围村落的居民进行大量的农业耕作，大大降低了岸坡植被的覆盖度，近而降低了整个抚仙湖的物理结构得分。

因云南省连续三年持续干旱，2012 年抚仙湖来水较小，水位严重受影响，2012 年水文水资源准则层分值较低。

表 8.18　　　　　　　　　　**2011 年 10 月抚仙湖生态完整性综合状况评估分值表**

评估区域	得分					湖区面积 /km²	湖泊生态 完整性得分
	水文水资源	物理结构	水质	水生生物	区域生态 完整性		
C_I	100	53.2	60	74	72.2	12	
C_{II}	100	68.0	60	77	76.4	78	
C_{III}	100	56.2	60	73	72.4	39	74.9
C_{IV}	100	68.1	60	73	74.8	50	
C_V	100	73.3	60	73	75.9	25	
C_{VI}	100	69.2	60	68	73.0	8	

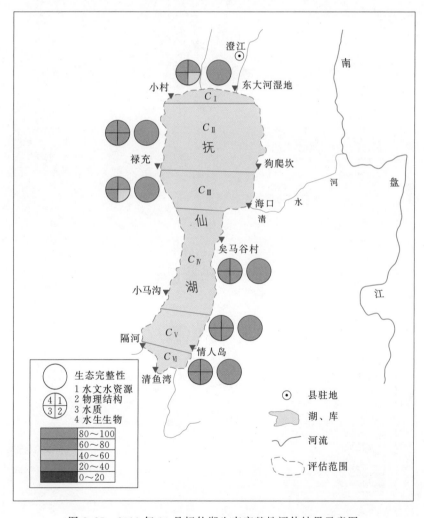

图 8.25　2011 年 10 月抚仙湖生态完整性评估结果示意图

表 8.19　　　　　　　　　2012 年 4 月抚仙湖生态完整性综合状况评估分值表

评估区域	得分					湖区面积 /km²	湖泊生态完整性得分
	水文水资源	物理结构	水质	水生生物	区域生态完整性		
C_I	38	53.2	60	76	60.6	12	
C_{II}	38	68.0	100	89	76.8	78	
C_{III}	38	56.2	100	92	75.6	39	
C_{IV}	38	68.1	100	82	74.0	50	75.4
C_V	38	73.3	100	94	79.9	25	
C_{VI}	38	69.2	93	96	78.4	8	

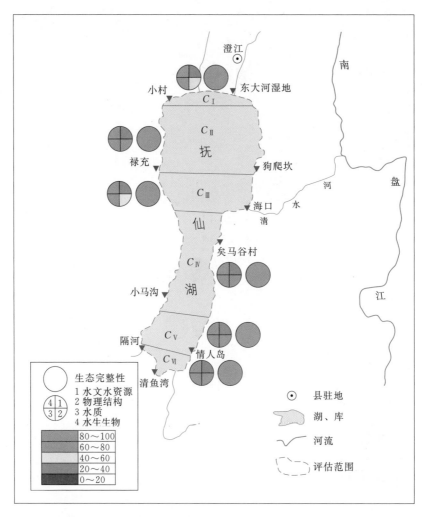

图 8.26　2012 年 4 月抚仙湖生态完整性评估结果示意图

表 8.20   **2012 年 10 月抚仙湖生态完整性综合状况评估分值表**

评估区域	得 分					湖区面积 /km²	湖泊生态 完整性得分
	水文水资源	物理结构	水质	水生生物	区域生态 完整性		
C_I	38	53.2	60	67	57.0	12	
C_{II}	38	68.0	60	66	59.6	78	
C_{III}	38	56.2	60	82	63.6	39	63.3
C_{IV}	38	68.1	60	79	64.8	50	
C_V	38	73.3	60	99	73.9	25	
C_{VI}	38	69.2	60	81	65.8	8	

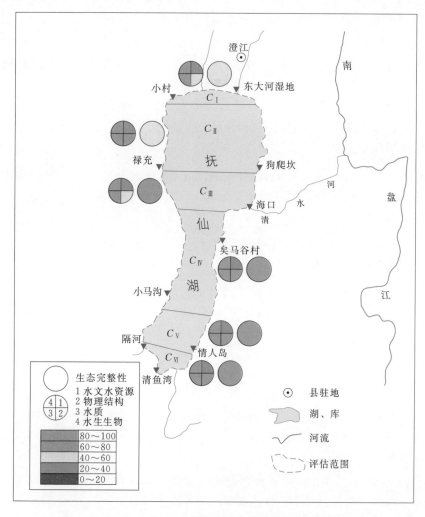

图 8.27   2012 年 10 月抚仙湖生态完整性评估结果示意图

水质准则层枯水期分值高，丰水期分值低，因分值主要由富营养状况决定，丰水期抚仙湖为中营养，枯水期多为贫营养。

浮游植物主要受湖水的水质影响，抚仙湖的水质总体为Ⅰ类水，良好的水质状况使得浮游植物的细胞丰度以及各项多样性指数处于良好的状态，生物准则层得分较高。

丰水期抚仙湖生态完整性赋分略低于枯水期，主要影响因素为水质准则层的富营养化状况指标，丰水期抚仙湖各评估区域富营养化得分均大于 20，越过了贫营养和中营养的分界，跨入了中营养行列。

8.2 抚仙湖社会服务功能评估

8.2.1 水功能区达标率

抚仙湖全湖划分为抚仙湖保护区，水质目标为Ⅰ类，水功能区情况、目标达标率重点评估水质状况与水体规定功能，包括生态与环境保护和资源利用（饮用水、工业用水、农业用水、渔业用水、景观娱乐用水）等的适宜性。水质达标水功能区为评估年内水功能区达标次数占评估次数的比例大于或等于 80% 的水功能区。

以《2011 年云南省水资源公报》的基础数据为依据进行水功能区达标评价，云南省水环境监测中心对抚仙湖保护区的新河口、禄充、隔河、海口、孤山湖心 5 个站点进行年监测，达标情况见表 8.21。

表 8.21　　　　　　　　　2011 年抚仙湖水功能区达标情况

代表断面	流域	所属水功能区	水质目标	全年水质类别	丰水期水质类别	枯水期水质类别	是否达标	超标项目	水功能区达标率/%	水功能区达标率赋分
新河口			Ⅰ	Ⅱ	Ⅱ	Ⅱ	否	总氮、总磷		
禄充			Ⅰ	Ⅰ	Ⅰ	Ⅰ	是	无		
隔河	珠江	抚仙湖保护区	Ⅰ	Ⅱ	Ⅱ	Ⅱ	否	总氮、总磷	40	40.0
海口			Ⅰ	Ⅱ	Ⅱ	Ⅱ	否	总氮		
孤山湖心			Ⅰ	Ⅰ	Ⅰ	Ⅰ	是	无		

2011 年禄冲、孤山湖心两个站点全年、丰水期、枯水期 3 个水期都达标，新河口、隔河、海口 3 个站点全年、丰水期、枯水期 3 个水期都不达标，超标项目主要为总磷、总氮。水质达标率为 40%。根据功能区水质达标率指标赋分计算，2011 年抚仙湖水功能区水质达标率分值为 40.0 分。

2012 年 4 月和 10 月孤山湖心、隔河两个站点水质都达标，禄充监测点 10 月水质达标；新河口、海口 2 个站点都不达标，超标项目主要为总氮。2012 年 4 月和 10 月水质达标率分别为 40% 和 60%，根据功能区水质达标率指标赋分计算，2012 年 4 月和 10 月抚仙湖水功能区水质达标率分值分别为 40.0 和 60.0 分。详见表 8.22。

表 8.22　　　　　　　　　　　2012 年抚仙湖水功能区达标情况

代表断面	流域	所属水功能区	水质目标	水质类别		达标情况		超标项目	水功能区达标率/%		水功能区赋分	
				4 月	10 月	4 月	10 月		4 月	10 月	4 月	10 月
新河口	珠江	抚仙湖保护区	I	II	II	否	否	总氮、总磷	40	60	40.0	60.0
禄充			I	II	I	否	是	总氮				
隔河			I	I	I	是	是	总氮				
海口			I	II	II	否	否	总氮				
孤山湖心			I	I	I	是	是					

8.2.2　水资源开发利用率

湖泊水资源开发利用是保障社会经济健康发展的重要基础，一个没有资源可利用的湖泊不能称其为具有"健康生命"的湖泊。湖泊水资源开发利用情况以水资源开发利用率来表示。水资源开发利用率是指抚仙湖流域内供水量占流域水资源量的百分比。抚仙湖径流区内已建中型水库 2 座，小（1）型水库 4 座，小（2）型水库 26 座及小坝塘若干个。抚仙湖水资源开发利用情况见表 8.23。

表 8.23　　　　　　　　　　　抚仙湖水资源开发利用情况

水资源开发量 /万 m³	水资源总量 /万 m³	水资源开发利用率 /%	水资源开发利用指标赋分
5828	8062	72.3	0

抚仙湖水资源开发利用率为 72.3%，国际上公认的水资源开发利用率合理限度为 30%～40%，即使是充分利用雨洪资源，开发程度也不应高于 60%。水资源开发利用率过高（超过 60%）和过低（0%）开发利用率均赋分为 0。抚仙湖水资源开发利用率超出了合理的水资源开发利用限度，因而抚仙湖水资源开发利用指标赋分为 0。

8.2.3　水利防洪指标

防洪指标是评估湖泊的安全泄洪能力。湖泊的防洪功能是维持湖泊良好形态的基本要求，如果湖泊没有防御洪水的能力，湖泊将泛滥成灾，则不能称其为健康。

根据云南省水文水资源局 2006 年编制的《玉溪市抚仙湖特征水位研究》成果，确定抚仙湖的防洪保护标准为 20 年一遇洪水（$P=5\%$）。

《玉溪市抚仙湖特征水位研究》中用 20 年一遇入库设计洪水进行调洪演算，结果表明能安全泄洪，泄洪过程不会对下游居民、耕地等构成灾害。故抚仙湖的水利防洪标准达标，赋分为 100 分。

8.2.4　公众满意度指标

公众满意度反映公众对评估湖泊景观、美学价值等的满意程度。本项指标采用公众参与调查统计的方法进行。调查包括沿湖居民与湖泊的关系，对湖泊的影响，水质水量直观情况，滩地、鱼类景观、娱乐休闲、历史文化情况等。本次共调查 66 人，根据对回收调查表的统计分析，抚仙湖公众满意度得分情况见表 8.24。

表 8.24　　　　　　　　　　　　抚仙湖公众满意度得分情况

调 查 公 众 类 型	调查人数/人	平均得分	得分
沿湖居民（湖岸以外 1km 以内范围）	24	70.4	
湖泊周边从事生产活动	10	72.0	
旅游经常来湖泊	9	79.4	73.0
旅游偶尔来湖泊	23	79.3	

抚仙湖公众满意度调查得分为 73.0 分。无论是沿岸居民、湖泊周边从事生产活动者，还是来湖泊旅游的人，打分都较高，表明人们对抚仙湖目前的状态比较满意。

8.2.5　社会服务功能综合评估

湖泊的社会服务功能体现了湖泊对人类社会经济系统的支撑程度。同时拥有正常的生态完整性和社会服务功能是健康湖泊的基本标准。因此，湖泊不仅仅要满足自身需要，还要产生一定的社会经济价值（即湖泊系统的服务能力），为人类社会的生存发展提供保障，为流域经济的持续发展提供动力。

抚仙湖社会服务功能从水功能区达标率、水资源开发利用指标、防洪指标及公众满意度 4 个方面进行评估。根据各指标赋分结果及赋分计算公式，2011 年 10 月和 2012 年 4 月抚仙湖社会服务功能得分结果见表 8.25，2012 年 10 月抚仙湖社会服务功能得分结果见表 8.26。

表 8.25　　　　　　2011 年 10 月和 2012 年 4 月抚仙湖社会服务功能评分结果

准 则 层	指 标 层	赋 分	权 重	社会服务功能得分
社会服务功能	水功能区达标指标	40.0	0.25	
	水资源开发利用指标	0	0.25	
	防洪指标	100	0.25	53.3
	公众满意度指标	73.0	0.25	

表 8.26　　　　　　　　　2012 年 10 月抚仙湖社会服务功能评分结果

准 则 层	指 标 层	赋 分	权 重	社会服务功能得分
社会服务功能	水功能区达标指标	60	0.25	
	水资源开发利用指标	0	0.25	
	防洪指标	100	0.25	58.3
	公众满意度指标	73.0	0.25	

2011 年 10 月和 2012 年 4 月，抚仙湖社会服务功能得分均为 53.3 分，2012 年 10 月为 58.3，影响最大的是抚仙湖水资源开发利用指标，得分为 0。

8.3 抚仙湖水生态健康综合评估

8.3.1 抚仙湖水生态健康状况

抚仙湖 2011 年水文水资源得分为 100；2012 年水文水资源得分为 38，受连年干旱叠加影响，全年运行水位均较常年低，除连续高水位、水位季节性变化 2 个指标外，各项指标得分均不高，丰水期水位、最小月水位和连续低水位三个指标得分为 0。

抚仙湖 6 个区域物理结构得分为 53.2~73.3 分。抚仙湖属于断陷性湖泊，湖盆东西两侧为断层崖或断块山地，大部分区域天然形成的湖滨带缓冲区较狭窄，湖岸基质多为砾石和非黏土，同时湖岸边多开垦为农田，缺少自然植被覆盖，岸坡稳定性属于基本稳定和次不稳定状态之间；抚仙湖湖滨带植被覆盖度为 22.7%~65.3%，得分为 50~75 分，处于中度到重度覆盖状态，植被覆盖度得分不低，但湖岸边多开垦为农田，乔木、灌木植被面积较少，湖滨带主要为草本植被覆盖；人工干扰程度得分为 55~70 分，各区域均有环湖公路、沿岸建筑物以及农业耕种。物理结构得分受岸坡植被覆盖度影响最高，其次为人工干扰程度。

抚仙湖水质准则层评估得分均为 60~100 分，枯水期得分高于丰水期，主要影响指标为富营养化状况。抚仙湖溶解氧浓度均达到 I 类水标准，得分为 100 分；耗氧有机污染物含量较小，评估得分为 100 分；富营养状况评估得分大部分在 60 分，呈现贫营养到中营养过渡状态，对富营养状况评估得分影响较大的是总氮、高锰酸盐指数。

抚仙湖 6 个区域的水生生物准则层得分为 66~99 分，参与赋分的指标为浮游植物和附生硅藻，浮游植物指标相对附生硅藻指标得分较高。浮游植物共采集到 8 门 83 种，以绿藻门种类为优势种，其次是硅藻门和蓝藻门；附生硅藻鉴定出 45 种；底栖动物共计发现 29 种，优势种类主要有拟沼螺、钩虾、沼虾等，均不是耐污种，且沼虾常出现在水质较好的水域，底栖动物作为参考指标，表明抚仙湖水质较好。

抚仙湖社会服务功能得分为 53.3~58.3 分。抚仙湖保护区水质目标较高为 I 类，水功能区达标率为 40%~60%；抚仙湖流域水资源开发利用率为 72.3%，超出了水资源开发利用合理限度，得分为 0；抚仙湖水利防洪标准 20 年一遇，海口闸行洪能力达到标准，因此抚仙湖的水利防洪赋分 100 分；公众满意度调查 66 人，平均得分为 73.1 分。社会服务功能 4 个指标中，影响最大的是水资源开发利用率指标，得分为 0。

抚仙湖湖泊生态完整性得分为 63.3~75.4 分，按湖泊健康分类处于健康状态。6 个评估区域生态完整性得分为 57.0~79.9 分，仅抚仙湖北部的 C_I、C_{II} 区域在 2012 年 10 月出现低于 60 分的情况，主要是受澄江县城排污影响。影响抚仙湖湖泊生态完整性得分的主要是物理结构指标，其次是水文水资源指标。丰水期抚仙湖生态完整性得分略低于枯水期，丰水期各评估区域富营养化 EI 值均大于 20，越过了贫营养和中营养的分界，跨入了中营养行列。

抚仙湖三次调查健康评估得分为 61.8～68.8 分，按湖泊健康等级划分，均处于健康状态。2011 年 10 月和 2012 年 4 月两次调查的健康评估得分接近，2012 年 10 月健康评估得分为 61.8，枯水期得分相对丰水期略高。详见表 8.27。

表 8.27 抚仙湖健康状况评估得分表

调查监测时间	湖泊生态完整性得分	社会服务功能得分	湖泊健康评估得分	湖泊健康状况	
2011 年 10 月	74.9	53.3	68.4	健康	⬤
2012 年 4 月	75.4	53.3	68.8	健康	⬤
2012 年 10 月	63.3	58.3	61.8	健康	⬤

8.3.2 主要影响因素分析

影响抚仙湖湖泊健康的主要指标是物理结构准则层的岸坡稳定性和社会服务功能准则层的水功能区达标率。

抚仙湖湖滨带稳定性属于基本稳定和次不稳定状态之间，其主要影响因素是湖岸基质和岸坡植被覆盖度。由于抚仙湖属于断陷性湖泊，湖盆东西两侧为断层崖或断块山地，大部分区域天然形成的湖滨带缓冲区较狭窄，湖泊所在的自然地质条件决定了湖岸基质多为砾石和非黏土，同时湖岸边多开垦为农田，缺少自然植被覆盖，因此造成了湖岸基质和岸坡植被覆盖度得分较低。

抚仙湖水质较好，为更好地保护抚仙湖，水功能区水质目标较高为Ⅰ类。因抚仙湖北部区域受澄江县县城污水影响，水质评价为Ⅱ类，没有达到Ⅰ类目标，未达标项目主要为总磷、总氮，致使抚仙湖水功能区达标率得分低于 60.0 分。

第 **9** 章

星云湖水生态健康状况评估

9.1 星云湖生态完整性评估

9.1.1 水文水资源状况评估

星云湖仅收集到 1986—2012 年每月 8 日水位资料。仍采用中澳开发的生态流量评估及分析计算方法，通过 FlowHealth 软件进行评价。得分结果用颜色编码来显示各水位组分相对于理想水位动态的符合程度，蓝色表示"十分符合"，红色表示"危险"。星云湖水位健康指数见图 9.1。

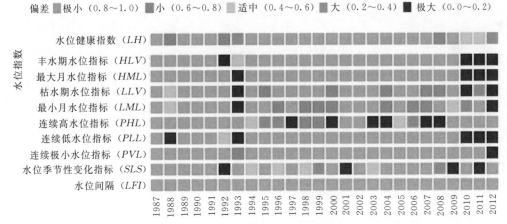

图 9.1 星云湖水位健康指数图

从图 9.1 和表 9.1 中可以看出，星云湖历年的水位健康指标普遍较高，多年平均的水

表 **9.1** 星云湖水文水资源得分情况表

年份	丰水期水位指标（HLV）	最大月水位指标（HML）	枯水期水位指标（LLV）	最小月水位指标（LML）	连续高水位指标（PHL）	连续低水位指标（PLL）	连续极小水位指标（PVL）	水位季节性变化指标（SLS）	水位健康指数（LH）	水文水资源准则层得分
2012 年	0	0	0	0	1	0	0	1	0.25	25
多年平均	0.82	0.84	0.76	0.75	0.58	0.78	0.95	0.71	0.78	78

位健康指数 LH 为 0.78，历年最小为 0.25（2012 年）。因连续几年干旱，2012 年星云湖 LH 分值为 0.25，低于多年平均，水文水资源得分为 25 分。

9.1.2 物理结构状况评估

星云湖物理结构准则层仅对湖岸带状况进行评估，湖岸带状况指标层包括湖岸稳定性、植被覆盖度、人工干扰程度。

9.1.2.1 湖岸稳定性

对星云湖 4 个区域共 5 个监测点位进行湖滨带的调查，通过遥感影像解译技术、辅以人工现场判读的方式对岸坡 5m 缓冲面积范围内的土地利用情况进行调查，监测点位的基本情况见图 5.3。调查内容包括斜坡倾角、岸坡植被覆盖度、斜坡高度、基质成分以及坡脚冲刷程度等，根据调查结果进行赋分。星云湖岸坡稳定性调查结果评估见表 9.2。

表 9.2　　　　　　　　　　　星云湖岸坡稳定性调查结果评估表

| 评估区域 | 点位 | 调查项目 | | | | | 评估赋分 | | | | | 区域得分 |
		斜坡倾角/(°)	岸坡植被覆盖度/%	斜坡高度/m	基质	坡脚冲刷强度	斜坡倾角	岸坡植被覆盖度	高度	基质	冲刷	
D_{I}	海门桥	90	18.12	2	砾石	无冲刷迹象	75	18.12	90	25	90	59.6
	侯家沟	20		1	黏土	无冲刷迹象						
D_{II}	大麦地	5	0.27	0.2	黏土	无冲刷迹象	90	0.27	90	25	90	59.1
D_{III}	星云湖出水改道	10	0	1	砾石	无冲刷迹象	90	0	90	25	90	59.0
D_{IV}	石岩哨	5	6.89	0.3	黏土	无冲刷迹象	90	6.89	90	25	90	60.4

9.1.2.2 植被覆盖度

根据卫星遥感影像解译结果分别获取星云湖 4 个评估区域湖滨带 200m 的乔木、灌木、草本的植被覆盖度，采用直接评判法，分别对乔木、灌木及草本植物覆盖度进行赋分，并计算湖滨带植被覆盖度指标赋分值，结果见表 9.3 和图 9.2。

表 9.3　　　　　　　　　　星云湖湖滨带植被覆盖度调查结果表

| 评估区域 | 评价项目 | | | 植被覆盖度/% | 评估赋分 |
	乔木覆盖度/%	灌木覆盖度/%	草本植物覆盖度/%		
D_{I}	2.62	8.71	4.45	15.8	50
D_{II}	3.67	1.86	0.34	5.87	25
D_{III}	0.00	0.00	1.70	1.70	25
D_{IV}	2.39	0.04	1.90	4.33	25

星云湖湖滨带各区域的植被覆盖度为 1.70%～15.8%，赋分为 25～50，仅 D_{I} 区域处于中度覆盖状态，其他区域植被较稀疏。由于湖岸边多开垦为农田，植被覆盖面积较

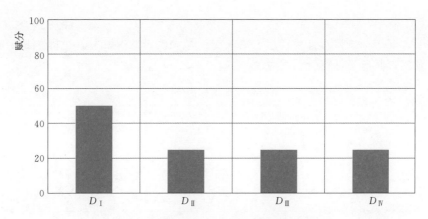

图 9.2　星云湖湖滨带植被覆盖度赋分结果图

少，D_{I} 区域植被以乔木为主，D_{II}、D_{III} 区域以灌木为主，植被覆盖度赋分均不高。

9.1.2.3　人工干扰程度

采用遥感影像解译对星云湖 4 个评估区域的湖滨带及其邻近陆域 200m 内的典型人类活动进行调查评估，调查内容包括：湖岸硬性砌护、网箱养殖、沿岸建筑物（房屋）、公路（或铁路）、垃圾填埋场或垃圾堆放场、湖滨公园、管道、采矿、农业耕种、畜牧养殖等。调查范围为湖滨带，即最高蓄水位沿地表向外水平延伸 100m 的范围。抚仙湖人工干扰调查评分结果见表 9.4 和图 9.3。

表 9.4　　　　　　　　　　　　星云湖人工干扰调查评分结果表

评估区域	湖岸硬性砌护	网箱养殖	沿岸建筑物（房屋）	公路（铁路）	垃圾填埋（堆放）场	湖滨公园	管道	农业耕种	畜牧养殖	综合赋分	区域得分
D_{I}	＋		＋	♯				＋		－35	65
D_{II}			＋	♯				＋		－30	70
D_{III}			＋	♯				＋		－30	70
D_{IV}			＋	♯				＋		－30	70

注　1. "＋"代表在湖滨带出现此项人类活动类型。
　　2. "♯"代表在邻近陆域出现此项人类活动类型。

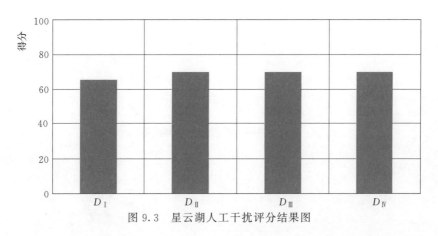

图 9.3　星云湖人工干扰评分结果图

9.1.2.4 物理结构调查得分

将以上 3 个指标按权重计算得星云湖 4 个区域湖滨带状况赋分，也即为星云湖物理结构得分。湖滨带状况指标得分情况见表 9.5。

表 9.5 湖滨带状况指标得分情况

评估区域	岸坡稳定性赋分	植被覆盖度赋分	湖滨带人工干扰程度得分	湖滨带状况指标得分
D_I	59.6	50	65	56.2
D_{II}	59.1	25	70	44.8
D_{III}	59.0	25	70	44.8
D_{IV}	60.4	25	70	45.1

星云湖物理结构得分在 44.8~56.2 分（图 9.4）。从得分情况分析，湖滨带植被覆盖度影响最高，其次为坡岸稳定性。

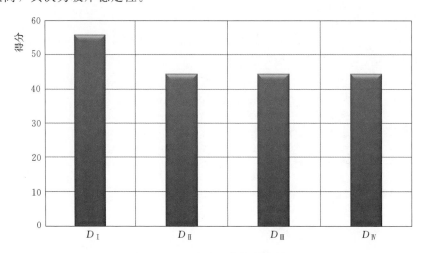

图 9.4 星云湖物理结构评分结果

9.1.3 水质状况评估

2012 年 4 月和 10 月对星云湖湖区水质进行了两次调查。

9.1.3.1 溶解氧状况评估

根据两次调查结果可知，星云湖 4 个区域的溶解氧浓度在 7.5~10.4mg/L（表 9.6 和图 9.5），均达到 I 类水标准。星云湖湖区的溶解氧得分全部为 100 分。星云湖溶解氧高与水中藻类生态繁茂、光合作用强烈有关。

表 9.6 星云湖溶解氧调查及评估结果表

评估区域	站点	指 标 值		指 标 赋 分		区 域 得 分	
		2012 年 4 月	2012 年 10 月	2012 年 4 月	2012 年 10 月	2012 年 4 月	2012 年 10 月
D_I	D_1	9.5	7.5	100	100	100	100
	D_2	10.4	8.4	100	100		

续表

评估区域	站点	指 标 值		指 标 赋 分		区 域 得 分	
		2012 年 4 月	2012 年 10 月	2012 年 4 月	2012 年 10 月	2012 年 4 月	2012 年 10 月
D_{II}	D_3	8.8	8.5	100	100	100	100
D_{III}	D_4	8.6	8.4	100	100	100	100
D_{IV}	D_5	9.0	8.7	100	100	100	100

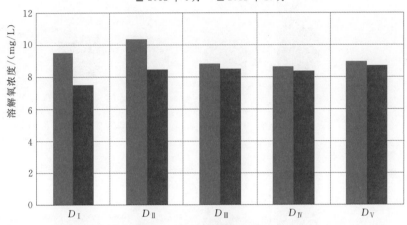

图 9.5　星云湖溶解氧浓度图

9.1.3.2　耗氧有机污染状况

耗氧有机污染状况选取高锰酸盐指数、氨氮两项评估，结果见表 9.7、图 9.6 和图 9.7。星云湖 4 个评估区域的氨氮平均浓度在 0.213～0.654mg/L，达到 Ⅲ 类水质标准；高锰酸盐指数平均浓度在 8.9～14.4mg/L，均超过 Ⅲ 类水质标准，D_I、D_{II} 区域的高锰酸盐指数浓度很高，年平均达 Ⅴ 类水质标准。

表 9.7　　　　　　　　　　星云湖耗氧有机污染状况评估表

评估区域	站点	指标值/(mg/L)				指 标 赋 分				区域得分	
		氨 氮		高锰酸盐指数		氨 氮		高锰酸盐指数		4 月	10 月
		4 月	10 月	4 月	10 月	4 月	10 月	4 月	10 月		
D_I	D_1	0.328	1.100	14.9	13.7	90	54	1	8	48	42
	D_2	0.260	0.208	14.0	13.4	94	97	6	10		
D_{II}	D_3	0.229	0.222	9.9	11.8	96	96	31	19	64	58
D_{III}	D_4	0.232	0.244	8.9	9.1	95	95	38	37	67	66
D_{IV}	D_5	0.260	0.213	9.0	9.4	94	96	38	35	66	65

按照耗氧有机污染状况指标赋分方法，星云湖 4 个评估区域耗氧有机污染状况得分在 42～67 分，得分不高。其中高锰酸盐指数浓度过高是导致其耗氧有机污染状况评估得分低的主要原因。

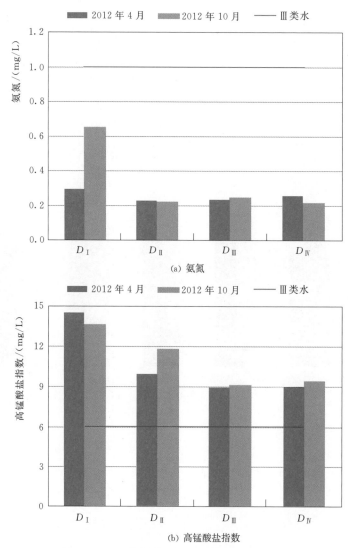

(a) 氨氮

(b) 高锰酸盐指数

图 9.6　星云湖耗氧有机污染指标浓度变化图

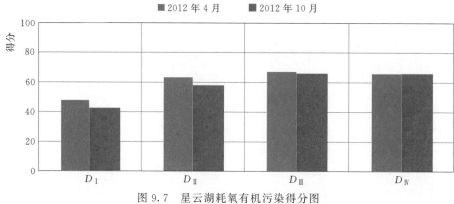

图 9.7　星云湖耗氧有机污染得分图

9.1.3.3 富营养化状况

对星云湖 4 个区域进行了富营养化状况调查，评价项目为总磷、总氮、高锰酸盐指数、叶绿素 a、透明度等 5 项。星云湖富营养化状况评估结果见表 9.8。

表 9.8　　　　　　　　　　星云湖富营养化状况评估结果

监测时间	评估区域	站点	指标值					指标赋分					EI	评估得分
			总磷/(mg/L)	总氮/(mg/L)	高锰酸盐指数/(mg/L)	叶绿素 a/(mg/L)	透明度/m	总磷	总氮	高锰酸盐指数	叶绿素 a	透明度		
2012 年 4 月	D_I	D_1	0.820	5.67	14.9	0.095	0.4	87	79	73	73	70	78	10
		D_2	1.100	4.49	14.0	0.116	0.3	95	76	73	75	80		10
	D_{II}	D_3	0.555	2.75	9.9	0.046	0.3	79	72	70	65	80	73	10
	D_{III}	D_4	0.503	1.80	8.9	0.030	0.5	78	68	65	61	60	66	10
	D_{IV}	D_5	0.647	2.57	9.0	0.026	0.5	82	71	65	60	60	68	10
2012 年 10 月	D_I	D_1	0.703	3.54	13.7	0.097	0.4	83	74	73	73	70	75	10
		D_2	0.533	2.31	13.4	0.109	0.3	78	71	72	75	80		10
	D_{II}	D_3	0.566	2.21	11.8	0.110	0.3	79	71	71	75	80	75	10
	D_{III}	D_4	0.473	1.66	9.1	0.017	0.5	77	67	66	55	60	65	10
	D_{IV}	D_5	0.416	1.40	9.4	0.029	0.5	75	64	67	62	60	66	10

2012 年 4 月和 10 月星云湖 4 个区域的总磷浓度为 0.416～1.100mg/L，大多超过 V 类水质标准；总氮浓度为 1.40～5.67mg/L，达到 V 类或劣 V 类标准；高锰酸盐指数浓度为 8.9～14.9mg/L，均超过 Ⅲ 类水质标准，最高达到 V 类。D_I、D_{II} 两个区域的总磷、总氮、高锰酸盐指数浓度都很高，相应的富营养化分值就高。

两次调查星云湖 4 个区域营养状态指数为 65～78 分，处于中度富营养状态，星云湖 4 个区域富营养化状况评估得分全部为 10 分。

9.1.3.4 水质准则层

星云湖 4 个区域按照水质准则层赋分方法计算，得出评估得分，见表 9.9。星云湖两次调查水质准则层得分均为 10 分，星云湖全湖处于中度富营养化状态是星云湖水质准则层得分较低的主要原因。

表 9.9　　　　　　　　　　星云湖水质准则层评估结果

评估区域	溶解氧		耗氧有机污染状况		富营养化状况		水质准则层	
	4 月	10 月	4 月	10 月	4 月	10 月	4 月	10 月
D_I	100	100	48	42	10	10	10	10
D_{II}	100	100	63	58	10	10	10	10
D_{III}	100	100	67	66	10	10	10	10
D_{IV}	100	100	66	65	10	10	10	10

9.1.4 水生生物状况评估

星云湖水生生物准则层对底栖动物、浮游植物、附生硅藻 3 个指标进行评估。

9.1.4.1 底栖动物

2012 年对星云湖岸坡 4 个区域 5 个站位进行底栖动物的调查，结果见表 9.10。计算其 Shannon – Wiener 多样性指数 H'，Pielou 均匀度指数 J，并按赋分方法进行评价，见表 9.11 和图 9.8。

表 9.10 　　　　　　　　　星云湖底栖动物调查结果

评估区域	站点	2012 年 4 月				2012 年 10 月			
		种类数	丰度 /(ind. /m²)	生物量 /(g/m²)	优势种类	种类数	丰度 /(ind. /m²)	生物量 /(g/m²)	优势种类
D_I	侯家沟	6	105	0.315	霍甫水丝蚓	7	236.7	2.423	多足摇蚊
	海门桥	8	85	1.565	霍甫水丝蚓	6	516.7	1.940	霍甫水丝蚓
D_{II}	大麦地	2	16	0.642	螅科	5	26.7	1.180	椭圆萝卜螺
D_{III}	出水改道口	9	226	16.111	椭圆萝卜螺	7	1756.7	2.673	霍甫水丝蚓
D_{IV}	石岩硝	2	13	0.203	霍甫水丝蚓	5	53.3	2.447	膀胱螺

表 9.11 　　　　　　　　　星云湖底栖动物评估结果

评估区域	站点	2012 年 4 月				2012 年 10 月				评估得分	
		指标值		指标赋分		指标值		指标赋分		4 月	10 月
		J	H'	Jr	$H'r$	J	H'	Jr	$H'r$		
D_I	侯家沟	0.909	2.351	100	74	0.791	2.221	100	69	57	46
	海门桥	0.447	1.342	79	40	0.294	0.761	29	23		
D_{II}	大麦地	0.544	0.544	100	16	0.928	2.156	100	66	16	66
D_{III}	出水改道口	0.804	2.548	100	82	0.125	0.350	13	11	82	11
D_{IV}	石岩哨	0.391	0.391	57	12	0.701	1.627	100	49	12	49

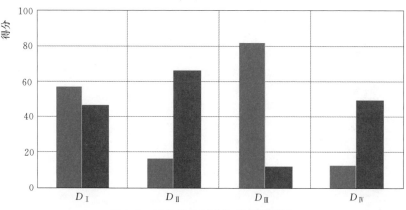

图 9.8　星云湖底栖动物得分结果图

2012 年两次对星云湖的底栖动物进行调查，共发现底栖动物 24 种，主要优势种类是霍甫水丝蚓，底栖动物丰度范围为 13~1756.7ind./m²。4 个区域 10 月丰水期的底栖动物生物量均较大。

2012 年 4 月枯水期，星云湖近岸带 4 个区域的 J、H' 指数值分别在 0.391~0.909、0.391~2.548 范围内，J、H' 赋分值分别在 57~100 分、12~82 分范围内；底栖动物得分为 12~82 分。

2012 年 10 月丰水期，星云湖近岸带 4 个区域的 J、H' 指数值分别在 0.125~0.928、0.350~2.221 范围内，J、H' 赋分值分别在 13~100 分、11~69 分范围内；底栖动物评估得分为 11~66 分。

各区域的丰水期、枯水期得分变化较大。枯水期 D_1、D_{III} 区域得分相对较高，丰水期 D_{II}、D_{IV} 区域得分相对较高。

星云湖 D_{III} 断面的监测站点靠近星云湖出流改道工程的进水口，站点周围生长有水生植物，该站出现底栖动物 9 种，优势种类为椭圆萝卜螺，其丰度占站位丰度的比例为 29.6%。该种类主要栖息在稻田、池塘、湖泊等沿岸浅水带，喜生活于水生植物较多的水域内。

9.1.4.2　浮游植物

2012 年 4 月和 10 月对星云湖湖区 4 个区域 5 个监测点位进行了两次浮游植物采样，采样点位置见图 9.9，通过计算其细胞丰度、群落结构、优势度以及多样性指数进行评价。

2012 年 4 月和 10 月对星云湖湖区的 5 个站位进行浮游植物采样调查。共鉴定浮游植物 30 种，分属于蓝藻门、硅藻门、绿藻门、甲藻门、隐藻门等 5 个门，4 月鉴定出浮游植物 18 种，隶属于 5 门 16 属。10 月鉴定出浮游植物 29 种，隶属于 5 门 24 属，从图 9.10 可以看出，星云湖以绿藻门种类数较多。

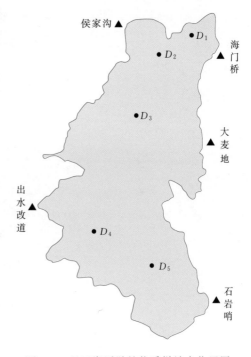

图 9.9　星云湖浮游植物采样站点位置图

星云湖浮游植物的优势种类主要有蓝藻门的铜绿微囊藻、色球藻、微囊藻、颤藻 4 种。优势种的细胞平均丰度在 0.225×10^7~1.37×10^7 个/L，蓝藻门在数量上占绝对优势。星云湖浮游植物优势种细胞丰度见表 9.12。

星云湖湖区的浮游植物赋分法根据《中国湖泊环境》调查数据，20 世纪 80—90 年代湖泊藻类数量年平均值变动范围为 10 万~10000 万个/L。结合《中国湖泊环境》调查数据和相关文献调查数据，按照浮游植物数量指标赋分标准进行，结果见表 9.13 和图 9.11。

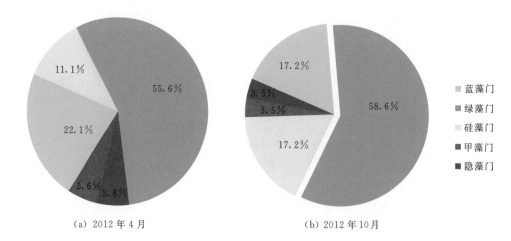

(a) 2012 年 4 月　　　　　(b) 2012 年 10 月

蓝藻门
绿藻门
硅藻门
甲藻门
隐藻门

图 9.10　星云湖浮游植物物种结构组成图

表 9.12　　　　　　　　　星云湖浮游植物优势种细胞丰度　　　　　　单位：10^7 个/L

优 势 种	2012 年 4 月			2012 年 10 月		
	优势度	平均丰度	细胞丰度	优势度	平均丰度	细胞丰度
铜绿微囊藻 *Microcysis aeruginosa*	0.371	1.370	0.04~2.85	0.378	1.070	0.13~4.07
色球藻 *Chroococcus sp.*	0.266	0.980	0.39~1.61	0.206	0.225	0.18~0.33
微囊藻 *Microcysis sp.*	0.242	0.896	0.04~2.68	0.311	0.878	0.15~2.68
颤藻 *Oscillatoria sp.*	0.105	0.390	0.23~0.53	0.080	0.581	0.29~1.05

表 9.13　　　　　　　　　　　星云湖浮游植物赋分结果表

评估区域	站点	细胞丰度/（10^7 个/L）		赋　分	
		2012 年 4 月	2012 年 10 月	2012 年 4 月	2012 年 10 月
D_{I}	D_1	2.6	1.2	6	18
	D_2	4.1	2.0		
D_{II}	D_3	7.0	8.3	0	0
D_{III}	D_4	3.0	1.7	8	17
D_{IV}	D_5	1.9	9.3	16	0

　　星云湖两次调查的浮游植物细胞丰度在 $1.2×10^7$～$9.3×10^7$ 个/L，最大值出现在 10 月的 D_{IV} 区域，各评估区域浮游植物赋分均低于 20 分。从浮游植物数量看，密度在 30 万～100 万个/L 时为中营养型，大于 100 万个/L 时为富营养状态。星云湖浮游植物细胞丰度均已属于水华发生状态，处于富营养状态。

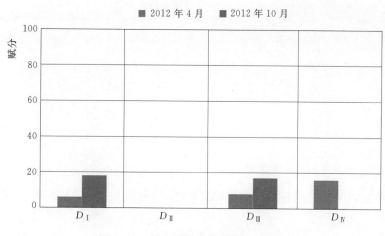

图 9.11　星云湖浮游植物赋分结果图

9.1.4.3　附生硅藻

2012 年对星云湖 4 个区域的 5 个岸坡站位进行附生硅藻的调查，各站位的优势种见表 9.14。计算其硅藻生物指数（IBD）和特定污染敏感指数（IPS），赋分结果见表 9.15。

表 9.14　　　　　　　　　　　　　　**2012 年星云湖附生硅藻优势种**

评估区域	站点	2012 年 4 月		2012 年 10 月	
		优势种拉丁名	优势度	优势种拉丁名	优势度
D_I	侯家沟、海门桥	*Gomphonema turris*	0.237	*Gomphonema gracile*	0.221
		Melosira granulata	0.119	*Achnanthes lanceolata*	0.188
		Cymbella affinis	0.095	*Melosira granulata*	0.156
		Achnanthes minutissima	0.078	*Gomphonema sp.*	0.079
D_{II}	大麦地	*Fragilaria fasciculata*	0.239	*Cocconeis placentula*	0.391
		Gomphonema sp.	0.132	*Gomphonema sp.*	0.134
		Cymbella affinis	0.119	*Achnanthes minutissima*	0.108
		Achnanthes minutissima	0.102	*Achnanthes lanceolata*	0.081
D_{III}	出水改道口	*Achnanthes minutissima*	0.121	*Gomphonema constrictum*	0.264
		Eptihemia sorex	0.093	*Achnanthes minutissima*	0.159
		Gomphonema sp.	0.093	*Gomphonema sp.*	0.079
		Gomphonema sphaerophorum	0.093	*Achnanthes lanceolata*	0.078
D_{IV}	石岩哨	*Achnanthes rivulare*	0.292	*Melosira granulata*	0.252
		Navicula salinarum	0.204	*Navicula normaloides*	0.213
		Achnanthes minutissima	0.103	*Gomphonema parvulum*	0.103
		Melosira granulata	0.080	*Navicula sanci-naumii*	0.098

表 9.15 星云湖附生硅藻指标赋分结果表

评估区域	站点	2012 年 4 月					2012 年 10 月				
		值		赋分		评估得分	值		赋分		评估得分
		IBD	IPS	IBD	IPS		IBD	IPS	IBD	IPS	
D_I	侯家沟	14.7	13.0	86	75	79	13.7	14.7	79	86	79
	海门桥	14.3	15.5	83	91						
D_{II}	大麦地	12.1	10.2	69	58	58	14.4	14.3	84	83	83
D_{III}	出水口	13.2	11.9	76	68	68	12.9	14.1	74	82	11
D_{IV}	石岩硝	7.6	11.0	41	63	41	10.8	9.5	61	53	53

2012 年星云湖调查共鉴定出附生硅藻 47 种，4 月鉴定出 39 种，10 月鉴定出 32 种。其中，优势种类主要有 *Melosira granulata*、*Gomphonema sp.*、*Achnanthes lanceolata*、*Achnanthes minutissima*、*Cymbella affinis*。

两次调查结果显示，IBD 得分为 41～86 分，IPS 得分为 53～91 分，评估区域得分为 41～83。4 月 D_I 区域得分高，10 月 D_{II} 区域得分高，D_{IV} 区域两次得分均为最低（图 9.12）。

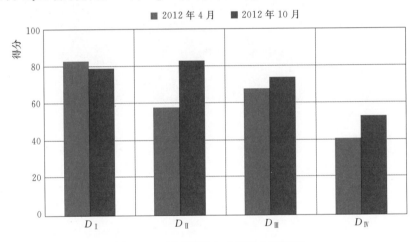

图 9.12 星云湖附生硅藻得分结果图

9.1.4.4 水生生物准则层得分

水生生物准则层包括浮游植物、底栖动物、附生硅藻 3 个指标，生物准则层以这 3 个评估指标的最小分值作为准则层得分，得分结果见表 9.16。

表 9.16 星云湖水生生物准则层评估结果

评估区域	2012 年 4 月指标得分			2012 年 10 月指标得分			评估得分	
	底栖动物	浮游植物	附生硅藻	底栖动物	浮游植物	附生硅藻	2012 年 4 月	2012 年 10 月
D_I	57	6	83	46	18	79	6	18
D_{II}	16	0	58	66	0	83	0	0
D_{III}	82	8	68	21	17	74	8	17
D_{IV}	12	16	41	49		53	12	0

星云湖 4 个区域的水生生物准则层得分在 0～18 分，得分较低，4 月枯水期的总得分较 10 月丰水期低。浮游植物指标相对底栖动物指标、附生硅藻指标得分较低，这与星云湖属于中度富营养湖泊，时有藻类水华发生有关。

9.1.5　生态完整性综合评估

通过对星云湖水文、物理结构、水质和生物准则层进行综合评估，并按各区域面积加权平均得到星云湖生态完整性综合状况评估得分。星云湖湖泊水面面积为 34.71km²，2012 年 4 月和 10 月星云湖生态完整性综合状况评估得分见表 9.17 和表 9.18，生态完整性评估结果示意图见图 9.13 和图 9.14。

表 9.17　　　　　　　　　　2012 年 4 月星云湖健康状况评估结果

评估区域	得分					湖区面积 /km²	湖泊生态完整性得分
	水文水资源	物理结构	水质	水生生物	区域生态完整性		
D_{I}	25	56.2	10	6	20.6	5.34	18.6
D_{II}	25	44.8	10	0	16.0	12.46	
D_{III}	25	44.8	10	8	19.2	9.79	
D_{IV}	25	45.1	10	12	20.8	7.12	

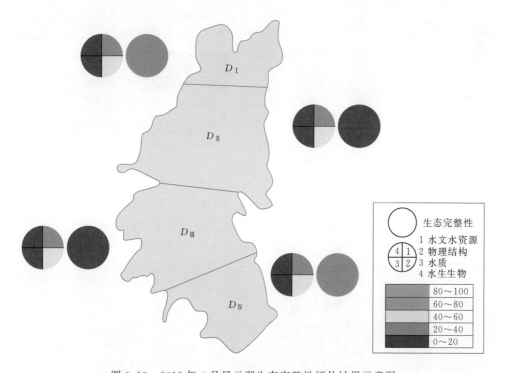

图 9.13　2012 年 4 月星云湖生态完整性评估结果示意图

表 9.18 2012 年 10 月星云湖健康状况评估结果

评估区域	得 分					湖区面积 /km²	湖泊生态完整性得分
	水文水资源	物理结构	水质	水生生物	区域生态完整性		
D_I	25	56.2	10	18	25.4	5.34	19.3
D_{II}	25	44.8	10	0	16.0	12.46	
D_{III}	25	44.8	10	17	22.8	9.79	
D_{IV}	25	45.1	10	0	16.0	7.12	

图 9.14 2012 年 10 月星云湖生态完整性评估结果示意图

星云湖湖泊生态完整性评估中，两次评估得分均较低，分别为 18.6 分和 19.3 分。
水质准则层枯水期、丰水期分数都较低，因分值主要由富营养状况决定。

星云湖 4 个区域的水生生物准则层得分在 0~18 分，得分较低，浮游植物指标相对底栖动物指标、附生硅藻指标得分较低，这与星云湖属于中度富营养湖泊、藻类大面积水华有关。

9.2 星云湖社会服务功能评估

星云湖在本次湖泊健康评估中未对公众满意度进行调查，社会服务功能仅涉及水功能区达标率、水资源开发利用率、水利防洪三项指标。

9.2.1　水功能区达标率

水功能区达标率是影响人类健康生态平衡和水资源可持续利用的一个重要参数。按照《云南省水功能区划》星云湖一级区属于星云湖开发利用区；二级区为星云湖渔业、景观用水区，水质目标为Ⅲ类。以 2012 年云南省水环境监测中心对海门桥、星云湖湖心两个站点进行的每月监测基础数据为依据进行水功能区达标评价，达标情况见表 9.19。

表 9.19　　　　　　　　　　2012 年星云湖水功能区达标情况表

代表断面	流域	水功能区	水质目标	全年	丰水期	枯水期	是否达标	主要超标项目	水功能区达标率	水功能区达标率赋分
海门桥	珠江	星云湖渔业、景观用水区	Ⅲ类	劣Ⅴ类	劣Ⅴ类	劣Ⅴ类	否	总氮、总磷、高锰酸盐指数	0	0
星云湖湖心			Ⅲ类	劣Ⅴ类	劣Ⅴ类	劣Ⅴ类	否		0	0

星云湖海门桥、湖心两个站点全年、枯水期、丰水期 3 个水期都不达标，水质均为劣Ⅴ类，超标项目主要为总磷、总氮、高锰酸盐指数等。水质达标率为 0。星云湖水功能区水质达标率赋分为 0 分。

9.2.2　水资源开发利用率

湖泊水资源开发利用情况以水资源开发利用率来表示。2012 年星云湖流域水资源总量为 5808 万 m^3，流域内供水量即水资源开发量为 2385 万 m^3，水资源开发利用率为 41.1%，基本属于国际上公认的水资源开发利用率合理限度，赋分 86 分。星云湖水资源开发利用情况见表 9.20。

表 9.20　　　　　　　　　　星云湖水资源开发利用情况

水资源开发量 /万 m^3	水资源总量 /万 m^3	水资源开发利用率 /%	水资源开发利用指标赋分
2385	5808	41.1	86

9.2.3　水利防洪

星云湖防洪指标主要调查评估范围内湖泊的安全泄洪能力。云南省 2003 年启动了"云南省玉溪市抚仙湖、星云湖出流改道工程"，出流改道工程过水最大能力达到 $37 m^3/s$，符合 20 年一遇防洪规划要求，因此星云湖的现状水利防洪能力达到规定标准，赋分 100 分。

9.2.4　社会服务功能综合评估

因没有开展星云湖公众满意度情况调查，星云湖社会服务功能以水功能区达标率、水资源开发利用指标、水利防洪 3 个指标进行评估，权重作相应调整。星云湖社会服务功能评估得分为 62.4 分。水功能区达标率是影响得分的主要指标。星云湖社会服务功能得分结果见表 9.21。

表 9.21 2012 年星云湖社会服务功能得分结果

准则层	指标层	赋分	权重	社会服务功能得分
社会服务功能	水功能区达标指标	0	0.33	
	水资源开发利用指标	86	0.33	62.4
	防洪指标	100	0.34	

9.3 星云湖水生态健康综合评估

9.3.1 星云湖水生态健康状况

2012 年星云湖水位健康指数 LH 值为 0.25，低于多年平均值（0.78），是历年来最小值，水文水资源得分为 25 分。

星云湖物理结构得分在 44.8～56.2 分。岸坡稳定性属于基本稳定和次不稳定状态之间；各区域的植被覆盖度为 1.70%～15.8%，大部分植被均较稀疏。各区域湖滨带均有农业耕种和建筑物，沿湖有环湖公路，受人类干扰较多。物理结构 3 个指标中，湖滨带植被覆盖度影响最大，其次为坡岸稳定性。

星云湖水质较差，水质准则层得分仅为 10 分，主要影响指标为富营养化状况。高锰酸盐指数浓度过高导致其耗氧有机污染状况评估得分低，为 42～67 分，星云湖北部水域高锰酸盐指数浓度均在 10mg/L 以上，比南部水域略高；全湖处于中度富营养化状态，但北部水域营养状态指数 EI 比南部略高；湖区水体藻类繁生，光合作用影响，水体溶解氧反而较高。

星云湖 4 个区域的水生生物准则层得分在 0～18 分，得分较低，枯水期的得分较丰水期低。星云湖底栖动物共发现 24 种，主要优势种类是霍甫水丝蚓，其可耐受较为严重的有机污染，常作为有机污染指示物种；浮游植物共鉴定出 5 门 30 种，以绿藻门种类数较多，两次调查细胞丰度均大于 100 万个/L 时，已属水华发生状态；附生硅藻共鉴定出 47 种。浮游植物指标相对底栖动物指标、附生硅藻指标得分较低，这与星云湖属于中度富营养湖泊、藻类大面积水华有关。

星云湖社会服务功能评估得分为 62.4 分。星云湖各水期水质均为劣 V 类，超标项目主要为总磷、总氮、高锰酸盐指数等，水功能区达标率为 0，是影响社会服务功能得分的主要指标；星云湖水资源开发利用率为 41.1%，得分 86 分；现状水利防洪能力达到 20 年一遇规定标准，赋分 100 分。

2012 年 4 月枯水期和 10 月丰水期，星云湖湖泊生态完整性两次评估得分分别为 18.6 分和 19.3 分，水生态健康评估得分分别为 31.7 分和 32.3 分，均不到 40 分，按湖泊健康分级，处于不健康状态，详见表 9.22。得分较低的主要原因是星云湖的水质准则层和生物准则层得分较低，星云湖的水质已经处于劣 V 类水质标准，属于中度富营养湖泊，水华大面积发生。

表 9.22　　　　　　　　　　星云湖健康状况评估得分表

调查监测时间	湖泊生态完整性得分	社会服务功能得分	湖泊健康评估得分	湖泊健康状况	
2012 年 4 月	18.6	62.4	31.7	不健康	
2012 年 10 月	19.3	62.4	32.3	不健康	

9.3.2　主要影响因素分析

影响星云湖湖泊健康的主要指标是物理结构准则层的植被覆盖度、水质准则层的湖库富营养状况、水生生物准则层的浮游植物、社会服务功能准则层的水功能区达标率。

星云湖湖滨带各区域的植被覆盖度处于 $1.70\%\sim15.8\%$，赋分为 $25\sim50$，仅 D_I 区域处于中度覆盖状态，其他区域植被均较稀疏。由于湖岸边多开垦为农田，植被覆盖面积较少，D_I 区域植被以乔木为主，D_{II}、D_{III} 区域以灌木为主，植被覆盖度得分均不高。

2012 年 4 月和 10 月星云湖 4 个区域的总磷浓度为 $0.416\sim1.100mg/L$，超过 V 类水标准；总氮浓度为 $1.40\sim5.67mg/L$，达到 V 类或劣 V 类标准；高锰酸盐指数浓度为 $8.9\sim14.9mg/L$，均超过 III 类水高锰酸盐指数标准，最高达到 V 类。D_I、D_{II} 两个区域的总磷、总氮、高锰酸盐指数浓度都很高，相应的富营养化分值就高。

两次调查的星云湖 4 个区域营养状态指数在 $65\sim78$ 分，处于中度富营养状态，星云湖 4 个区域富营养化状况评估得分均为 10 分。

星云湖两次调查的浮游植物细胞丰度在 $1.2\times10^7\sim9.3\times10^7$ 个/L，最大值出现在 10 月的 D_{IV} 区域，各评估区域浮游植物赋分均低于 20 分。从浮游植物数量看，密度在 30 万～100 万个/L 时为中营养型，大于 100 万个/L 时为富营养状态。星云湖浮游植物细胞丰度均已属于水华发生状态，处于富营养状态。

海门桥、星云湖湖心两个站点全年、枯水期、丰水期 3 个水期都不达标，水质均为劣 V 类，超标项目主要为总磷、总氮、高锰酸盐指数等。水质达标率为 0，星云湖水功能区水质达标率得分为 0 分。

第 10 章

结 论 与 展 望

10.1　两湖水生态健康评估结论

10.1.1　两湖水生态存在问题

10.1.1.1　湖滨带人为干扰严重，保护功能消失

抚仙湖属于断陷性湖泊，湖盆东西两侧为断层崖或断块山地，大部分区域天然形成的湖滨带缓冲区较狭窄，湖泊所在的自然地质条件决定了湖岸基质多为砾石和非黏土。抚仙湖湖滨缓冲带及其周边约有人口 3.7 万人，占流域总人口的 20.85％。缓冲带内村落产生的生活污水大部分未经任何处理直接排放，湖滨区和入湖河流沿岸过度开发，两湖湖滨带区域多开发为农田、鱼塘、房屋和道路等，人为干扰较为严重，破坏了湖泊的保护屏障，造成农业面源污染的氮、磷营养物质和垃圾随河水输入湖区，而随着流域的发展和人口的增加，势必还会有一定程度的增长，若不加以控制，将会导致湖滨带保护屏障功能消失，大大降低湖泊的缓冲能力和水体自净能力，特别是星云湖沿岸，对湖水和湖滩环境造成污染。

抚仙湖流域人多地少，乱砍滥伐、毁林开荒现象严重，坡度大于 25° 的耕地有 1686hm²，荒山、荒地、陡坡地占陆地面积的 50％ 以上，调查区域内的植被覆盖度为 43.3％，加之山高坡陡，干旱持续时间长，旱季土质疏松，雨季极易造成水土流失。

10.1.1.2　抚仙湖局部水域水质下降，富营养化趋势渐显

抚仙湖作为澄江县和沿湖地区的最终纳污水体，由于大量污染物和营养物质输入，抚仙湖水质目前总体仍保持 I 类水平，但在旅游景点及新河口、隔河、海口附近局部区域，水质已成为 II 类。从多年的水质监测结果看，抚仙湖水质呈缓慢恶化趋势。

近 30 年来，抚仙湖水体营养水平持续增高，湖泊营养状态逐渐上升，综合营养状态指数约为 1980 年的 3 倍。抚仙湖的富营养化状况已呈现贫营养到中营养过渡状态，对富营养状况评估得分影响较大的是总氮、高锰酸盐指数。抚仙湖处于流域内大部分城镇、村落、农田的下游，极易接纳污水和垃圾，由于农业生产活动的广泛性和普遍性，农业面源污染比较严重，大部分氮、磷营养物质通过地表渗透到地下水或随着雨水冲刷汇入地表径流流入湖区，造成污染。总而言之，抚仙湖整体呈 I～II 类水质，处于贫～中营养状态，在北部靠近澄江县、沿岸旅游区及南部隔河区域水质略差。富营养化状况评估得分较差是

影响其水质得分的主要原因。抚仙湖总磷浓度较低，氮是引起水体富营养化的主要因素。三次调查抚仙湖的总氮浓度平均为 0.175～0.193mg/L，接近Ⅰ类水总氮标准上限，控制总氮浓度成为抚仙湖水质保护工作的重点。

10.1.1.3　星云湖富营养化严重，蓝藻水华频繁

星云湖位于江川县城下游，随着流域内社会经济水平的提高，湖区周边大量的工业废水、农村及城镇的生活污水和农业废水均通过河道和沟渠直接排入湖中，同时大量的固体废物也被排入湖中或通过地表径流直接进入湖内，使湖中水体遭到严重的污染，造成湖体水质急剧恶化。星云湖的现状水质为Ⅴ类～劣Ⅴ类，主要超标项目是总磷、总氮、高锰酸盐指数等。随着湖泊水质的恶化，水体生态平衡严重破坏，湖泊富营养化程度日趋严重，达到轻度—中度富营养型。蓝藻水华现象加重，暴发频繁，持续时间越来越长，湖泊生态处于恶性循环状态。湖泊功能衰退老化过程加速，直接影响和制约了沿湖地区工农业的发展、人民生活水平的提高和经济社会可持续发展。

10.1.1.4　水生生态系统较为脆弱

抚仙湖东西两侧为断层岸或断块山，湖滨带发育不好，仅有部分地段有狭窄的湖滨带，但多开垦为农田和鱼塘，因此沿岸受砾石和浪击影响较大，限制了浮叶植物、大型挺水植物、底栖动物、附生硅藻群落的发展。抚仙湖属于深水型湖泊，氮、磷等营养物质在湖区的不断积累，使藻类繁生，浮游植物的细胞丰度呈显著增长趋势，随着藻类数量的持续增长，湖水透明度呈下降趋势，这是湖泊富营养化的潜在因素之一。大型水生植物是藻类最强劲的竞争对手，缺乏大型水生植物的深水湖泊在富营养化方面表现比较脆弱，磷负荷能力较低，若不加强保护，随时都有发生蓝藻水华的可能性。湖泊水环境容量越来越小，生态系统极端脆弱，抚仙湖的换水周期长达 167 年，一旦破坏极难恢复。

星云湖属浅水湖泊，最大湖容量仅为 2.023 亿 m³，自净能力较弱。大型水生植物减少，水草资源退化十分严重。浮游植物的生物量呈显著增长趋势，1995 年星云湖开始出现蓝藻水华。近年来水华现象加重，暴发频繁，湖泊生态处于恶性循环状态。大部分湖岸成为人工湖堤，破坏了湖滨带的生态连续性和稳定性，减少了湖滨湿地面积，致使水生植被严重退化，湖泊自净能力降低，围垦区内的农田和鱼塘又造成了湖滨带的水质污染加剧，破坏了湖泊的生态环境。

10.1.1.5　水资源开发利用程度过高

抚仙湖蓄水量为 206.2 亿 m³，但多年平均陆地入湖量仅为 1.613 亿 m³，年可利用的动态水资源量仅为海口河多年平均出流量 9572 万 m³。蓄水量大容易产生水资源量极大的错觉，但抚仙湖流域人均占有水资源量为 655m³，低于全国、全省和玉溪市水平，水资源量并不丰富。

抚仙湖是一个断陷性湖泊，蓄水量大，流域径流面积小，水源补给较少，区域供水能力不协调，山区缺水长期存在。湖泊换水周期长，可利用的水资源量少，导致了抚仙湖是一个非常脆弱的水资源系统，对抚仙湖水资源的开发必须谨慎。但抚仙湖水资源开发利用率已达 72.3%，国际上公认的水资源开发利用率合理限度为 30%～40%，即使是充分利用雨洪资源，开发程度也不应高于 60%。抚仙湖水资源开发利用率超出了合理的水资源开发利用限度。

10.1.2 两湖水生态健康保护建议

10.1.2.1 加强湖泊健康评估力度，完善湖泊保护机制

2007 年，云南省相继出台《抚仙湖保护条例》和《星云湖保护条例》，以加强抚仙湖、星云湖的保护和管理，防治污染，改善生态环境，促进经济和社会可持续发展。2011—2012 年，云南省水文水资源局在抚仙湖、星云湖开展湖泊健康评估工作，以更好地了解抚仙湖健康现状，保护抚仙湖水体健康。通过此项工作，不仅全面系统地了解了抚仙湖、星云湖湖泊健康现状，同时优选评价指标，建立了抚仙湖、星云湖健康评估指标体系。建议在以后的工作中不断实践并验证、完善该指标体系，将湖泊健康评估工作纳入常态化监测中，真正实现湖泊健康的定期"体检"。

注重农业农村生态建设和污染治理，防治抚仙湖水体污染加剧。抚仙湖整体水质属 I 类水，但也发现有污染现象。抚仙湖现有污染主要来自南北两岸，特别是北岸，农田面积较大，农药化肥污染流失严重；农村生活污水得不到及时处理，大量生活污水直接排放入湖；湖两岸旅游开发，房屋建筑面积也在不断扩大，对湖泊产生巨大的生态压力。因此，建议从以下几个方面对抚仙湖进行保护。

（1）对农村地区进行环境综合整治，重点完善沿湖村镇生活污水、生活垃圾、畜禽粪便收集处理，解决现有脏、乱、差的环境现状。

（2）大力发展生态农业，推广使用有机肥，大幅削减农药化肥施用量，促进生态农业的发展，有效控制农业农村面源污染。

（3）对主要汇入河流的污水进行处理，避免大量富含氮磷的污水汇入抚仙湖，控制沿岸水体污染。

（4）建立健全水环境监测信息系统。抚仙湖目前水质采样频次不够密集，不能及时反馈水质变化信息。应增加监测频次和点位，形成监测健康年报，使人们及时了解湖泊健康状况。

10.1.2.2 保护湖泊的水生生物多样性和生态系统多样性

抚仙湖四周大多被基岩山或断块山环抱，地形陡峭，近岸带被砾石布满，泥质沙滩或河口冲积扇面积较小，水生植被群落简单，缺乏大型水生植物，营养循环以藻类为基础，当环境条件适宜时容易发生蓝藻水华。

湖泊是一个特殊的生态系统，主要由入湖河流、湖体和集水区内陆地生态系统组成，形成了水体、水陆过渡区、陆地、山地的空间格局。抚仙湖和星云湖湖滨区和入湖河流沿岸过度开发，湖滨带区域多开发为农田、鱼塘、房屋和道路等，人为干扰较为严重，破坏了湖泊的保护屏障，使由湖滨区和水体共同组成的湖泊生态系统的良性循环受到极为不利的影响，特别是星云湖生态系统的生态服务功能已明显衰退，加速了湖泊老化。

因此加强湖泊湖滨带保护，维系湖泊水生生物的多样性和生态系统多样性，已成为维护抚仙湖和星云湖水生态健康必不可少的内容。

10.1.2.3 加强水生生物的定期调查和评估

生物调查评价是评价水生态系统生物完整性和水生生物保护的最实用方法。通过本次对抚仙湖、星云湖生物调查监测的结果分析，建议在今后的健康评估工作中增加生物采样

监测点和监测频次，将生物监测形成例行化、常态化的工作，及时掌握对抚仙湖的生物现状，形成水生态预警，保护水体健康不受影响。

在本次调查中，鱼类指标没有参与到评估中，①历史资料欠缺；②对鱼类资源现状的社会现场调查未开展。历史资料主要对现阶段的评估起参考作用，社会调查则是对鱼类现状实验室检测结果的重要补充。此外，公众满意度的社会调查力度也不够。因此，在下一步的工作中，应尽可能收集全面详细的历史资料、数据，并结合有效的社会现场调查，将监测指标进行全面系统的分析。唯此，湖泊健康评估系统才更完善，评估结果才更可靠。

10.1.2.4　适度降低水资源开发利用率，有效保护抚仙湖水资源

抚仙湖流域水资源开发利用以城乡生活、农业灌溉、工业、建筑业、第三产业等河道外的生活、生产及生态用水为主。随着流域经济社会的发展，人口的增加，水资源和水环境的压力逐渐增大，Ⅰ类水质正在受到威胁，应注意加强对抚仙湖水质进行有效保护，避免走"先污染，后治理"的老路，使抚仙湖源源不断地为子孙后代提供赖以生存的水资源。

10.1.2.5　加强星云湖污染治理工作，提高星云湖水质

星云湖水质较差，为劣Ⅴ类水，与水功能区划的Ⅲ类水有较大差距。经分析，星云湖流域农村生活、工业点源和城镇生活是主要废水排放源。此外，湖区生态破坏及内源污染等也加剧了其富营养化的进程。因此，星云湖污染治理工作迫在眉睫。建议从以下几个方面来改善。

（1）对星云湖周边城镇、农村居民生活污水、畜禽养殖废物废水进行重点治理，避免大量污水入湖。

（2）大力发展生态农业，推广使用有机肥，大幅削减农药化肥施用量，促进生态农业的发展，有效控制农业农村面源污染。

（3）通过环境疏浚工程，消除湖底淤泥，对湖泊内源污染进行重点治理，为水质的长期恢复提供基础条件。

10.2　高原湖泊水生态健康评估指标体系展望

云南省高原湖泊健康评价指标体系是在抚仙湖试点评估的基础上构建的，抚仙湖试点工作历时不长，监测次数仅3次，对一些评估指标的研究难以深入，因此调查监测方法和指标的选择还不够完善。如湖滨带植被覆盖度调查采用卫星影像解译和现场判读法虽然精度较高，但存在评估成本高的缺陷，不适合广泛开展河湖健康评估工作的需要，需进一步探索更适宜、经济的调查方法。目前最严格水资源管理制度的实施要求加强饮用水源地保护，但本次试点研究尚未将饮用水源地安全评估内容纳入湖泊健康评估指标体系。因此湖泊健康评价指标体系还需要选择不同类型湖泊进行深入研究，不断完善评估指标体系和调查监测方法。

通过本次评估湖泊物理结构指标常处于静态不变，调查时间间隔可适当放宽，采用5年调查一次。水文水资源健康指标层根据中澳开发的生态流量评估及分析计算方法，通过FlowHealth软件进行8个指标的综合评价，需要至少连续20年的月平均水位资料。

　　水质是水生态系统状况的重要部分，既可以作为湖泊健康恶化的指标，也可作为湖泊恶化的原因。营养物和污染物水平可以指示水质退化的可能原因和来源，也助于确定哪些区域需要采取管理措施。监测的指标包括化学性质（溶解氧）、营养物质（总氮、总磷、高锰酸盐指数、叶绿素 a、氨氮等）和重金属物质（砷、汞、铅）。根据《地表水环境质量标准》（GB 3838—2002）参数进行评价，然后进行赋分。一年至少进行 2 次调查分析。

　　浮游植物、附生硅藻对水质以及环境因素变化响应迅速，它们广泛分布，容易采集，且有很多的环境耐受种。一旦营养物质浓度升高，藻类指标、附生硅藻的评估就很差，所以选取浮游植物、附生硅藻作为生物指标是必要的。一年至少进行 1 次调查分析，以最枯水期进行。

　　底栖动物在许多栖息地都能找到，是重要的食物来源，有助于碳和营养物质循环。底栖动物的活动场所比较固定，易于采集，一般利用 Shannon - Wiener 多样性指数 H'，Pielou 均匀度指数 J 两个指数，可以反映出湖泊的污染状况。抚仙湖属于深水湖泊，湖岸底质大多为大型砾石或卵石、部分区域为粗砂、浮泥，缺少大型水生植被，不适宜底栖动物的生存；另外受采样工具的限制，很难采集到大型砾石下的底栖动物，导致底栖动物赋分较低。在云南省高原湖泊水生态健康评估中建议此项指标根据具体情况分析，决定是否参与赋分，如赋分与实际情况有差异，则仅作为参考指标。

　　鱼类也对水质、水文干扰和栖息地恶化的敏感性范围较广，且鱼类在食物链上的营养级比较高，包含了低营养等级的影响，可作为环境整体健康的反映。如果可获取的历史鱼类多样性资料较少，以鱼类损失指数很难进行真实性评估时，建议不参加赋分，但必须进行现状基础数据调查。

参 考 文 献

蔡立哲. 大型底栖动物污染指数（MPI）[J]. 环境科学学报, 2003, 23（5）: 625-629.

陈正伟. 综合评价技术及应用 [M]. 成都: 西南财经大学出版社, 2013.

戴丽, 卢云涛, 吴钢, 等. 典型高原湖泊流域生态安全评价与可持续发展战略研究 [M]. 昆明: 云南科技出版社, 2008.

戴全厚, 刘国彬, 田均良, 等. 侵蚀环境小流域生态经济系统健康定量评价 [J]. 生态学报, 2006, 26（7）: 2219-2228.

丁建华, 杨威, 金显文, 等. 赣江下游流域大型底栖动物群落结构及水质生物学评价 [J]. 湖泊科学, 2012, 24（4）: 593-599.

高俊峰, 蔡永久, 夏霆, 等. 巢湖流域水生态健康研究 [M]. 北京: 科学出版社, 2016.

何晓群. 现代统计分析方法与应用: 第3版 [M]. 北京: 中国人民大学出版社, 2012.

胡元林. 高原湖泊流域可持续发展理论与评价 [M]. 北京: 中国社会科学出版社, 2012.

胡志新, 胡维平, 谷孝鸿, 等. 太湖湖泊生态系统健康评价 [J]. 湖泊科学, 2005, 17（3）: 256-262.

金相灿, 刘鸿亮, 屠清瑛, 等. 中国湖泊富营养化 [M]. 北京: 中国环境科学出版社, 1990.

雷静, 张琳, 黄站峰. 长江流域水资源开发利用率初步研究 [J]. 人民长江, 2010, 41（3）: 11-14.

李冰, 杨桂山, 万荣荣. 湖泊生态系统健康评价方法研究进展 [J]. 水利水电科技进展, 2014, 34（6）: 98-106.

李荫玺, 刘红, 陆娅, 等. 抚仙湖富营养化初探 [J]. 湖泊科学, 2003, 15（3）: 285-288.

李荫玺, 王林, 祁云宽, 等. 抚仙湖浮游植物发展趋势分析 [J]. 湖泊科学, 2007, 19（2）: 223-226.

联合国环境规划署国际环境技术中心. 湖泊与水库富营养化防治的理论与实践 [M]. 刘建康, 译. 北京: 科学出版社, 2003.

刘建军, 王文杰, 李春来. 生态系统健康研究进展 [J]. 环境科学研究, 2002, 15（1）: 41-44.

刘永, 郭怀成, 戴永立, 等. 湖泊生态系统健康评价方法研究 [J]. 环境科学学报, 2004, 24（4）: 723-729.

卢志娟, 裴洪平, 汪勇. 西湖生态系统健康评价初探 [J]. 湖泊科学, 2008, 20（6）: 802-805.

路娜, 尹洪斌, 邓建才, 等. 巢湖流域春季浮游植物群落结构特征及其与环境因子的关系 [J]. 湖泊科学, 2010, 22（6）: 950-956.

潘继征, 熊飞, 李文朝, 等. 抚仙湖浮游植物群落结构、分布及其影响因子 [J]. 生态学报, 2009, 29（10）: 5376-5385.

彭建, 王仰麟, 吴健生, 等. 区域生态系统健康评价——研究方法与进展 [J]. 生态学报, 2007, 27（11）: 4877-4885.

祁帆, 李晴新, 朱琳. 海洋生态系统健康评价研究进展 [J]. 海洋通报, 2007, 26（3）: 97-104.

沈会涛, 刘存歧. 白洋淀浮游植物群落及其与环境因子的典范对应分析 [J]. 湖泊科学, 2008, 20（6）: 773-779.

吴季松. 现代水资源管理概论 [M]. 北京: 中国水利水电出版社, 2002.

吴召仕, 蔡永久, 陈宇炜, 等. 太湖流域主要河流大型底栖动物群落结构及水质生物学评价 [J]. 湖泊科学, 2011, 23（5）: 686-694.

席北斗, 陈艳卿, 苏婧, 等. 湖泊营养物标准方法学及案例研究 [M]. 北京: 科学出版社, 2013.

熊飞, 李文朝, 潘继征, 等. 云南抚仙湖鱼类资源现状与变化 [J]. 湖泊科学, 2006, 18（3）:

305－311.

熊飞，李文朝，潘继征. 高原深水湖泊抚仙湖大型底栖动物群落结构及多样性 ［J］. 生物多样性，2008，16（3）：288－297.

杨岚，李恒，杨晓君. 云南湿地 ［M］. 北京：中国林业出版社，2009.

姚文婷，蔡德所，唐鑫，等. 珠江流域西江支流贺江水体硅藻群落结构、分布和评估 ［J］. 湖泊科学，2015，27（1）：86－93.

张艳会，杨桂山，万荣荣. 湖泊水生态系统健康评价指标研究 ［J］. 资源科学，2014，36（6）：1306－1315.

赵臻彦，徐福留，詹巍，等. 湖泊生态系统健康定量评价方法 ［J］. 生态学报，2005，25（6）：1466－1474.

中国科学院南京地理与湖泊研究所. 抚仙湖 ［M］. 北京：海洋出版社，1990.

中国生态系统研究网络科学委员会. 水域生态系统观测规范 ［M］. 北京：中国环境科学出版社，2007.

Brönmark C，Hansson L A. 湖泊与池塘生物学 ［M］. 韩博平，吴庆龙，林秋奇，译. 北京：高等教育出版社，2013.

SL 395—2007 地表水资源质量评价技术规程 ［S］. 北京：中国水利水电出版社，2012.

COSTANZA R，NORTON B G，HASKELL B D. Ecosystem health：new goals for environmental management ［M］. Washington，D. C. ：Island Press，1992.

JORGENSON S E. Energy and ecological buffer capacities as measures of ecosystem health ［J］. Ecosystem Health，1995，1（3）：150－160.

KARR J R. Protecting ecological integrity：an urgent societal goal ［J］. Yale J. Int'l L. ，1993，18.

KRAMMER K，LANGE－BERTALOT H. 欧洲硅藻鉴定系统 ［M］. 刘威，朱远生，黄迎艳，译. 广州：中山大学出版社，2012.

RAPPORT D J，COSTANZA R，MCMICHAEL A J，et al. Assessing ecosystem health ［J］. Trends in Ecology & Evolution，1999，14（2）：69－70.

SCHAEFFER D J，HERRICKS E E，KERSTER H W. Ecosystem health：I. Measuring ecosystem health ［J］. Environmental Management，1988，12（4）：445－455.

XU F L，DAWSON R W，TAO S. A method for lake ecosystem health assessment：an Ecological Modeling Method（EMM）and its application ［J］. Hydrobiologica，2001，443（1－3）：159－175.